自然系
韩式裱花
教科书

杨茵茵 著

机械工业出版社
CHINA MACHINE PRESS

图书在版编目（CIP）数据

自然系韩式裱花教科书 / 杨茵茵著. — 北京：机械工业出版社，2021.5
ISBN 978-7-111-67909-7

Ⅰ. ①自… Ⅱ. ①杨… Ⅲ. ①蛋糕－糕点加工 Ⅳ. ①TS213.23

中国版本图书馆CIP数据核字（2021）第058503号

机械工业出版社（北京市百万庄大街22号　邮政编码100037）
策划编辑：卢志林　　　　责任编辑：卢志林　张雁茹
责任校对：孙丽萍　　　　责任印制：张　博
北京宝隆世纪印刷有限公司印刷
2021年6月第1版·第1次印刷
190mm×260mm·11.5印张·2插页·105千字
标准书号：ISBN 978-7-111-67909-7
定价：68.00元

电话服务　　　　　　　　　网络服务
客服电话：010-88361066　　机 工 官 网：www.cmpbook.com
　　　　　010-88379833　　机 工 官 博：weibo.com/cmp1952
　　　　　010-68326294　　金 书 网：www.golden-book.com
封底无防伪标均为盗版　　机工教育服务网：www.cmpedu.com

推荐序

用最真挚的热忱，呈现最美好的作品

听闻我的朋友，KCDA（韩国裱花蛋糕设计协会）的Anna（"Anna sweet cake"工作室负责人），即将以自身教学经验撰写成书的消息，同为裱花老师的我感到非常开心，甚至有点激动。

Anna可以说是中国台湾地区韩式裱花界的先驱者，在她细腻的手法下呈现出的作品，一朵朵都像极了真的鲜花，细致而且出色！她不仅有丰富的教学经验，而且不断努力提高自己，只为了能做出更贴近自然花朵样貌和颜色的作品。

真心期待Anna的这本新书，可以在想学豆沙裱花的读者心中留下深刻美好的印象。

KCDA会长兼首席设计师　Cafle

仔细又有系统的教学过程，
让初学者也能简单易懂

现今韩式裱花的派别之多，让想要踏入这个领域的初学者眼花缭乱，不知道如何选择。对于专精于法式甜点的我们来说，韩式裱花更是另一门不同的学问。

小梗甜点咖啡的二店规划了一个教学分享空间，寻找师资之时有幸接触到Anna老师的课，便对Anna老师的教学风格印象非常深刻。Anna老师虽然很年轻，但对教学很有一套，过程既系统又明确，看似繁复、门槛又高的韩式裱花，在老师的带领之下，竟变得如此简单易懂。韩式裱花除了最基本的花型之外，花朵的排列及色系的搭配组合才是最重要的。Anna老师的美感很棒，教学过程中也会非常耐心地给学生提出建议，帮助学生将作品完成到完美的境界。

认识Anna老师近两年了，从第一次上她的课到现在，Anna老师的教学方式以及蛋糕做法、配方都随着流行方式一直在变化，让韩式裱花艺术，从一开始以观赏为主，到现在能兼顾美观与美味。这本书将老师上课的小技巧及小秘诀整理得非常仔细且有条理，无论是对自学者，或是已经有一定基础、想更深入学习的读者，都非常有帮助！

"Terrier Sweets 小梗甜点咖啡"负责人　Agnes

完整传授调色、蛋糕制作到花型，
最用心的教学过程

　　两年前，我被韩式裱花蛋糕吸引着，于是便决心要学起来，可是对我来说韩语沟通不畅怎么办呢？我幸运地找到了 Anna 老师，她非常耐心地解答我的疑问。在当时并未报名时，我便已经感受到老师的用心，所以特地去上她的课。

　　第一天上课就让我感受到老师的专业及认真。起初我还以为很简单，但做起来却并不容易，幸好有老师的耐心教导，至深夜也在所不计，不私藏地将所有调色、蛋糕制作及花型的技巧全部用心教授给我，让我在四天课程中获益良多。

　　学习过程中有时候虽然会练到手痛，但当看到自己做出来美美的豆沙花已是值得。因此我能感受到老师的成功是得来不易的，感恩我能遇到 Anna 这位好老师，真的谢谢你！

　　恭喜 Anna 老师新书出版，真心推荐这本书给大家，内容由浅入深，让你也能成为裱花高手。

专业美容顾问　戚凯蓉 Koko

遇见裱花，让我的人生从此闪耀绽放

在我人生中从来没想过写序这件事情，更别说为自己的书写序了。

直到动笔的这一刻才意识到，我的"豆沙孩子们"正一朵朵绽放，即将装饰成一个个美丽的花蛋糕，诞生在这个世界。我不敢说这本书能带来多大效益，或是看过书后你能吸收多少知识。我只知道，学习一件自己喜欢的事有多快乐，追逐自己的梦想有多愉悦！我爱裱花，更爱课堂上同学们认真专注的眼神、欢乐谈笑的气氛以及彼此赞美的声音。借此分享给每一位热爱美好事物的朋友们。

有很多人在询问课程时常问我："老师，裱花很难吗？我的手很笨、不协调，这样也能学得好吗？"是啊！裱花的确需要双手的协调性，但其实，更需要的是练习。就好比学钢琴，连琴键都还没碰过就要双手合奏，能学得来吗？事实上，用放松的心情学习正确的方法和不断尝试练习，才是关键。没有人能限制你学习，除了你自己。

记得刚开始学裱花时，我不仅是班上挤得最慢的，还是挤得最丑的！心里不止一次嘀咕着花了这么多钱，要是没学好怎么办？越是着急，手就越不听使唤……直到第四天，就在我几乎要放弃的时候，终于挤出了一朵好美的花！这朵奇迹般的花，是在我最轻松的状态下做出来的。原来几天练习下来，不知不觉加强了双手的协调性，因此当我放松地暂时忘却一切规则后，反而能用心感受花的真实样貌，自然展现出花的姿态，于是花开了。就这样，我爱上了裱花。

然而课程结束，才是真正学习的开始。我不停地练习，接连几次到韩国进修、担任助教，每一次拿起裱花袋，都让我的爱更加坚定。从小到大风平浪静的人生，让我成了别人口中的幸运儿。但对我而言，发现裱花这个小宇宙，踏进教学这条路后，我才感觉到自己真真切切坐实了"幸运儿"这个名号。

没有华丽的烘焙背景和留学经历，仅凭着自己的热情和喜好，一股脑踏上裱花教学这条路。正所谓幸福，就是遇见让自己废寝忘食的快乐，遇见让自己充满能量的目标！在这本书中，集结了我这些年来的教学经验。裱花世界是如此美丽而引人入胜，只要你愿意相信自己，踏出学习的第一步，绝对可以在这个花花世界中，闪耀绽放！

杨茵茵

Chapter 01 基础篇

从工具到配色，韩式裱花的基本知识 *015*

Chapter 02 单花篇

从1朵花、1个杯子蛋糕开始的甜蜜小宇宙 *051*

Chapter 03 多花篇

以不同花型作搭配，杯子蛋糕上的浪漫裱花园 *103*

Chapter 04 装饰篇

裱花蛋糕的组合应用技巧，打造专属自己的花花世界　*171*

本文中的 TIP、BOX、CHECK、

PLUS、NG 小栏目含义如下：

TIP：小贴士。

BOX：小诀窍。

CHECK：注意事项。

PLUS：裱花小秘诀。

NG：错误操作。

基础篇

从工具到配色，
韩式裱花的基本知识

裱花工具介绍

① 花嘴

花嘴的编号代表不同的形状，能做出各种花型。基本上各品牌的编号相通，但还是会有些微小的差异，例如，韩国品牌材质较厚实，美国的一些品牌（如惠尔通）则较薄。使用前可以依照自己的习惯，用钳子将开口夹扁，挤出来的花瓣会更薄更透。

② 花钉

裱花通常会在花钉的平面上进行。花钉有大小之分，最常用的规格为 7 号与 13 号，可因花型及大小不同，选择不同规格的花钉。

③ 花钉座

花钉座是用来摆放花钉的底座，底座上有一个洞，将花钉插入即可固定。

④ 裱花袋

裱花袋是用来盛装豆沙的袋子。市面上有一次性与重复性使用的两种，建议使用透明材质的一次性袋子，可以看到豆沙的颜色变化，也比较卫生。常用尺寸为 12 英寸和 14 英寸（1 英寸 = 2.54 厘米），大多数女生的手较小，基本上用 12 英寸的较顺手。

⑤ 转接器

转接器是用来连接裱花袋和花嘴的接口，便于更换不同的花嘴，但仅限用于小的花嘴，大的花嘴直接套在裱花袋口即可。

⑥ 花剪

花剪主要是用来移动裱花的工具。通常有底座的花朵会直接挤在花钉上，再用花剪移动或装饰于蛋糕上。

⑦ 烘焙纸

在挤没有底座的平面花型时，先垫一张烘焙纸，花朵挤好后才取得下来。可将烘焙纸裁剪成花钉平面大小，将豆沙挤在粗糙面上。

⑧ 刮板

刮板是豆沙填入裱花袋后，用来把豆沙推向袋口的工具。使用时可用较钝的那一侧，避免施力过度而弄破袋子。

⑨ 碗 + 盖子

碗是用来装豆沙的容器，可多准备几个。由于豆沙接触空气后容易变干，因此需要准备可以盖住碗口的盖子。

⑩ 橡胶刮刀

长形的橡胶刮刀是用来将豆沙装入裱花袋内，并且在调色或混色时协助拌匀的工具。尽量挑选较硬的材质，使用较便利。

⑪ 牙签

豆沙调色可使用牙签蘸取色粉，较容易控制用量。裱花时也可使用牙签作为整形的辅助工具。

⑫ 底板

挤好的花朵会先集中摆放在透明底板上再装饰。也可依使用习惯选择平面盘子，只要防水防油即可。

工 具 使 用 方 法

花钉的拿法

　　主要用拇指、食指、中指轻轻捏住钉子中间的位置，小指也可支撑在钉子下面帮助稳固。如果捏的位置太高，花钉会不好旋转；太低则容易不稳。

　　裱花过程中保持轻握，可以先练习让花钉在手指尖转动，体会这种感觉。转的时候看着花钉面上的编号，使挤出的花朵在正上方。依据不同的花型决定要逆时针或顺时针转动。

转接器与裱花袋的衔接方法

1 把食指平行放在裱花袋尖端旁边，从两个指节的高度处剪出一个开口。

2 将转接器拧开。使基底口径较小的那一头朝下，从裱花袋口放进去。

3 从外侧套上花嘴，放进去后从前端稍微转一下，让它卡紧。

4 把转换头套上并转紧。

TIP 裱花袋一定要盖过转接器上的齿轮，如果开口剪得太大，齿轮露出来，袋子较容易因用力挤压而撑破。

将豆沙填入裱花袋的技巧

1 将裱花袋的袋口撑开，并用橡胶刮刀挖取适量豆沙。

2 将豆沙尽量往袋子底部放进去。

BOX

我习惯使用的是韩国制造的LDPE（低密度聚乙烯）材质的透明袋子，因为有加厚处理，所以较不易破裂。因豆沙本身质地比较硬，建议在选购时，也可挑选加厚材质的裱花袋。

❦ 裱花袋的拿法

1 将豆沙填入裱花袋后，左手抓着袋子上缘，右手虎口掐住袋子，并把豆沙往前推至花嘴。

2 把裱花袋上面的部分，绕食指或拇指一圈，回到虎口。如果握太久感到紧绷，可以轮流使用这两根手指。

3 把装有豆沙的地方转紧，转一两圈，让袋子呈现饱满状态。

TIP

裱花袋的拿法有时会影响到施力效果，导致挤出来的量不均匀或是花瓣裂开等情形出现。所以裱花的时候，必须习惯性地把裱花袋转紧，最好让它一直处于饱满的状态，这样只要轻轻用力，豆沙就会平顺地出来。

√

裱花时，手指全部放在袋子上面，会出力的基本上只有中指、无名指、小指，顶多加上拇指一起施力。

×

如果豆沙量太少或太多，手指位置不在袋子上，就无法正确施力，挤出来的花瓣容易破裂。

CHECK！

手腕记得要放松，才能挤出有漂亮弧度的花瓣。如果发现手腕会痛，就表示可能是施力错误哦！

花剪的使用方法

花剪最主要的作用，就是将花朵轻易地移到盘子或蛋糕上，避免柔软的豆沙花在移动过程中不小心变形。剪的位置基本上是在底座，再依照需要，决定把整个底座剪下来，或是只剪上半端。

基本拿法

用中指和拇指握住花剪，把中间的食指空出来。裱花用的花剪都是有弹性的，用空出来的食指压在剪刀的轴心上，即可轻松取下花朵！

移动花朵时

1 从花朵底座约 1/3 的地方剪下，不要剪到底，避免移动花朵时重心不稳而掉落。

2 转动花钉，移开花钉，让花朵脱离底座。

3 将花朵移至盘上，花剪平行往下压，然后抽出花剪。如果花朵粘在剪刀上取不下来，可使用牙签轻推。

 TIP 也可以依照每个人需求和习惯的不同，决定是要剪下部分底座还是整个底座，但目的都是将花朵安稳地移动到盘子或蛋糕上。

烘焙纸的使用方法

一般较平面的花型，因为没有底座不容易用花剪移动，所以可以在花钉上先垫上一层烘焙纸。基本上只要购买平常的大张烘焙纸，再裁剪成和花钉平面差不多大小的正方形即可。

1 先在花钉面上用豆沙挤一个小小的正方形。

2 粘上裁好的烘焙纸，稍微压一下进行固定，就可以开始裱花了。

认 识 豆 沙

❧ 豆沙的种类

韩式裱花喜好使用的是用白芸豆制作的白豆沙，质地绵密，颜色较白，口感也比较细腻。市售豆沙为了保存都会加糖，用甜度取代保鲜剂。但可选择添加麦芽糖的低甜度豆沙，弹性较好，也不会太甜。

或者也可以使用绿豆沙或红豆沙，但绿豆沙颜色较深，质地比较干；红豆沙则本身颜色深，较难调色。不过，也有人会直接用红豆沙来挤红色的花，以减少色素的用量。

> **PLUS** **如何自己做白豆沙**
>
> 自己做白豆沙较耗时费力，必须先将白芸豆泡水 4～5 小时，然后脱皮，再慢慢熬煮，煮熟后沥干水分再过筛，然后放到锅里把多余水分炒干，炒到想要的软硬度后，趁热加糖混匀，即完成白豆沙的制作。炒制过程中必须不断翻炒，才不会烧焦。

❧ 裱花用豆沙的调制配方

由于纯豆沙硬度高，无法直接拿来裱花，所以这里选择加入牛奶、黄油或鲜奶油打匀，增加滑顺度，更容易裱花。

材料

无盐黄油 60 克

香草精 1 小匙（5 毫升）

豆沙 1000 克

牛奶 80 克

BOX

香草精也可以自己制作。用朗姆酒泡香草荚，放置一个月，等香气出来即完成。

> **PLUS** 牛奶和黄油可用 90 克鲜奶油替换。

做法

1 搅拌盆中先放入牛奶与黄油。低速启动搅拌机。

2 开始分次小块加豆沙，全部加入后，转中高速打约 2 分钟。

3 最后加入香草精，搅拌均匀至整体柔软滑顺即完成。

　　在韩国，裱花会使用100%纯鲜奶制的韩国白奶油，颜色较白，但不易取得，价格也偏高。其实无盐黄油颜色已经很接近韩国白奶油，可代替使用。有些人喜欢用发酵奶油，因为香气较重，不过颜色稍深，打出来的豆沙颜色偏黄一点。

　　牛奶可以改用保久乳，比较不易变质。如果是全素食者，也可使用植物性鲜奶油替代。加牛奶打出来的豆沙，比较有透明感；加鲜奶油打出来的豆沙，比较有雾面质感。

豆沙的保存方法

　　已经加入牛奶或鲜奶油调好的豆沙，因为容易变质，所以建议尽快食用完毕，如放冰箱可保存 2 ～ 3 天。调好的豆沙不易存放，建议每次只做需要的量，不要做太多。完全没有添加奶制品的已拆封的纯豆沙，可冷藏约 1 周（未拆封的，则依保存期限保存）。

调 色 与 配 色

色粉的使用方法

调色材料分为色粉或色膏两种，可依个人习惯、喜好调色。其中色粉又可分成两种，一种是天然蔬果粉，例如绿球藻、抹茶粉、芝士粉、太阳花花籽粉、蓝莓粉、草莓粉、南瓜粉等。

另外一种则是食用色素粉，可挑选有食品认证的大品牌，使用起来较安心。食用色素的颜色选择较多，更能轻松调配出变化多样的色彩。甚至每种色系又可以再分成许多不同深浅程度的色调，视自己的需求去调出想要的颜色即可。

 我习惯使用天然韩国色粉以及法国色粉混合调色。法国色粉是浓缩制成的，只要一点点就能达到很高的显色度。

韩国色粉　　法国色粉

调色步骤

1 先用牙签取微量的色粉或色膏放入豆沙中。

2 用橡胶刮刀将色粉搅匀。

3 可依照想要的颜色，酌量加色粉或豆沙调整，再搅匀即可。

豆沙混色技巧

在碗里混色

如果混的颜色较多，除了放在裱花袋内混色外，也可以先在碗里调好想要的颜色后再装进去。把想要的颜色加入豆沙碗里，不用刻意搅匀，稍微用橡胶刮刀戳一戳就可以装到裱花袋中。这样调出来的颜色，从头到尾都会不一样，可以表现出自然生动的感觉，像挤叶子时就很适合用这种混色的方式呈现。

在裱花袋里混色

将豆沙填入裱花袋之前，先确定两种颜色要如何分配在花瓣的边缘或花芯。花嘴上尖端那一侧挤出来的位置是花瓣的边缘，较宽的另一侧则靠近花芯。

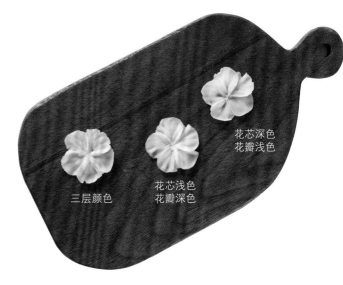

花芯深色
花瓣浅色

三层颜色

花芯浅色
花瓣深色

示范：花芯深色、花瓣浅色的花朵

1 将裱花袋打开以后，沿着边缘先放入一点深色的豆沙。

2 用刮板比较钝的那一面，把豆沙往侧边推，推到想要的粗细程度。

3 推好后再次把裱花袋打开，放入另一个颜色的豆沙。

4 确认好颜色分线的位置后，就可以把豆沙推平了。

5 最后把袋口转紧，把豆沙往前推进去即可。

TIP 第二次加入豆沙时尽量往里面放，让第二次填入的豆沙与第一次的豆沙先稍微结合后再使用。

TIP 装填好两色的豆沙后，如果想要交换粗细线条出现的位置，只要调整花嘴的方向即可。

⌑調色的技巧

很多学生在家练习时遇到的最大难题，就是调不出想要的颜色。一方面是没有色彩学的概念，不知道该如何调配；另一方面则是因为调色时需要的色粉量相当少，无法像食谱般精确衡量，常常一不小心就失手加太多。

想要更快速掌握调色的方法，建议大家与其计算用量，不如使用以色彩学为基础的辅助色卡。只要在色卡上选出想要的颜色，再以最相近的色粉为底，就可以对照色卡上下左右的颜色，来添加不同色的色粉，调配出想要的色彩变化。这样一来，即便是不同品牌的色粉或色膏，也不用担心会有太大的差异。

以下是我最常用的 20 种色粉颜色。只要善用各种颜色的组合，基本上就可以调配出所有想要的色系。

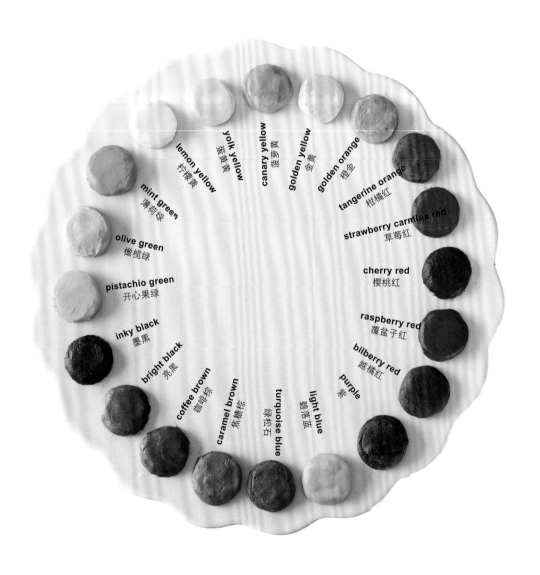

Step1

先从"调色色卡"中选出预定
的主要色系,例如右图的粉红
(右图为"调色色卡"的缩小
图,原图请参照书末附录)。

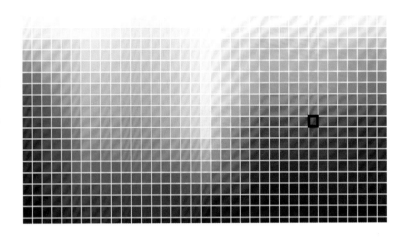

Step2

找出最相近的色粉颜色,例如
草莓红,并找出草莓红在色卡
上的位置。

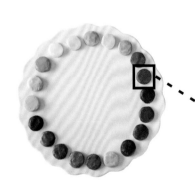

Step3

先往"左右"调整色系,加入左
边或右边位置的色粉颜色,调
到和预定色垂直的色系。以"草
莓红→粉红"为例,加一点蓝,
即可往右调整颜色(若想往左
偏橘,则加一点黄)。

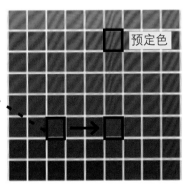

Step4

再往"上下"调整深浅(加入
原色豆沙或白色调浅,或是加
入黑、咖啡色调深),以此
类推。

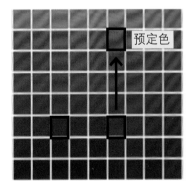

 最后可再针对想要呈现的氛围,在蛋糕上作整体色系的调整。
BOX 例如,春天加入蓝色系,夏天加入黄色系,秋天加入咖啡色系,冬天加入黑色系。

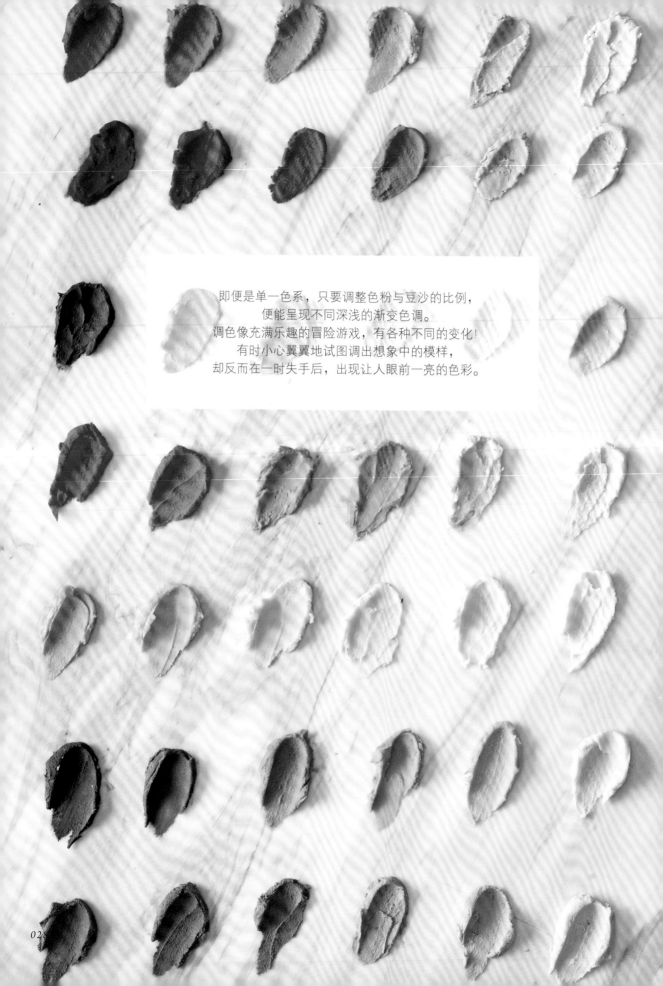

即便是单一色系，只要调整色粉与豆沙的比例，
便能呈现不同深浅的渐变色调。
调色像充满乐趣的冒险游戏，有各种不同的变化！
有时小心翼翼地试图调出想象中的模样，
却反而在一时失手后，出现让人眼前一亮的色彩。

∾∾配色的要点

装饰在蛋糕上的花朵，除了利用不同造型作变化，配色更重要！它会影响蛋糕呈现出来的氛围，即便是同样的花型摆设，只要配色改变，带给人的视觉感受便大不相同。

对于初学者来说，配色时从"渐变色、相近色、对比色"三者择一使用，较容易上手。基本原则是主色的比例占蛋糕的60% ~ 70%，不然太多颜色会显得很杂乱；辅色用渐变色或相近色能做出和谐感，或是尝试用对比色让其效果更鲜明活泼。

渐变色 / 相近色：

选择相似度较高，或是不同深浅的同色系颜色作搭配，让整体的色调一致。

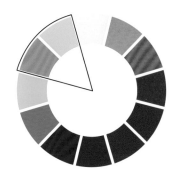

对比色 / 互补色：

使用差异度较大的颜色，看起来格外显色，有加强重点的效果。

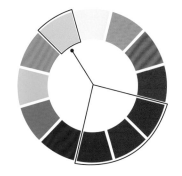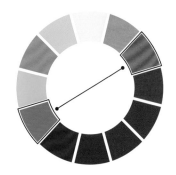

快速掌握色系搭配的方法

裱花蛋糕就像一幅画，颜色的搭配几乎影响着整体构图的和谐度。除了学习基本的色彩学知识外，其实还有一个更快的方法，可以简单地找出合适的配色组合。我在课堂上都会建议学生这样做，几乎没有失败过！

Step1

先挑一张喜欢的色系图片

图片的种类基本上没有限制，讲究拟真花感的人可以选择真花的照片，如果比较喜欢浓厚色感，油画就是很好的选择。

Step2

列出图片上的所有颜色

将图片上有的颜色都先列出来，以这些颜色作为之后运用在裱花蛋糕上的色彩。

Step3

依照颜色多寡决定主色和配色

依照图片上颜色分布的面积大小，分成主色和配色。大面积的颜色可以当作主花或蛋糕抹面的颜色，小面积的颜色则使用在莓果、叶子或配花上。

主花	主花	莓果	叶子	配花

Step4

按照列出的颜色完成裱花蛋糕

将这些颜色组合呈现到蛋糕上，美丽的作品就完成了。

Anna 老师推荐！
超实用的配色 App

  我在上课的时候，为了帮助学生快速找到自己想要做的颜色组合，时常会使用一个叫作"Pinterest"的 App（也有网页版）。这是一个集结许多图片的软件，上面可以找到很多已经帮你把配色列出来的图片档案，直接对照就可以使用。

  也可直接在网页搜索"Color Palette"，找寻你需要的配色。

（图片摘自"Pinterest"网页）

基础的裱花动作

手持工具的方式

基本姿势

　　裱花时的基本姿势是将花钉拿起来后尽量放在胸前位置，视角看下去时刚好是45°，可以看到花嘴的角度，会比较好操作。这个角度也可以从上面观察到挤出来的花有没有呈现圆形，避免挤好后才发现整朵花歪向一边。

开始位置

　　准备要开始裱花时，会将花嘴先放到花钉上。将花钉想象成时钟上的时针刻度，正上方为12点钟方向，正下方为6点钟方向。立体的花大概会从花钉2点钟的位置开始做预备动作，比较平面的花则是从花钉12点钟的位置做预备动作。

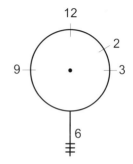

花嘴方向

　　花嘴口径较尖窄的一侧为A点，较宽的另一侧为B点。如果是宽窄较不明显的花嘴，也可以由侧面观察，看起来长度较短的为A点，长度较长的为B点。

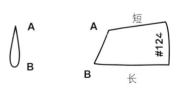

（正面）　　　　（侧面）

花嘴和花钉间的角度

　　花嘴和花钉间的角度，是从花嘴侧面和花钉平面的方向来看的。通常在挤圆柱或圆锥底座时，花嘴的开口需要完全贴合花钉，所以会呈90°垂直；而挤比较直立的花瓣时，则会呈现平行。

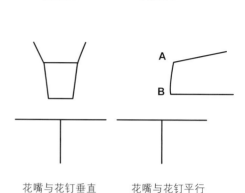

花嘴与花钉垂直　　　　花嘴与花钉平行

花嘴的角度

将裱花袋（花嘴）握好后，大约放在锁骨的前方，花嘴朝向正前方，A点朝上、B点朝下。将花嘴想象成一个时针，把A点向左边倾斜一点，是11点钟方向，如果向右边倾斜一点，就是1点钟方向，再斜过去一点就是2点钟方向。

当花嘴在12点钟方向时，挤出来的花瓣会是垂直的。越往1、2、3点钟的方向倒，挤出的花瓣就会越盛开；相对地，如果往11点钟方向倒，挤出来的花瓣就是比较包拢的模样。通常会使用到的角度是10点钟～2点半钟方向。

TIP 当把花嘴倒向2点钟方向时，如果觉得手很卡、不顺手，可以先把手指打开，把花嘴转到2点钟位置后再握起来，这样比较好操作。

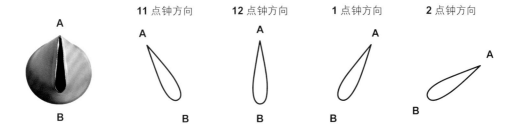

── 不同花嘴角度的花瓣 ──

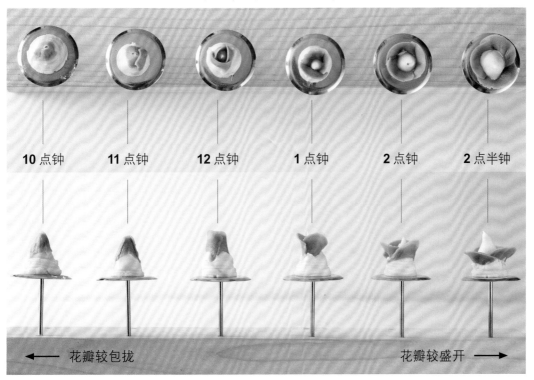

10点钟 **11点钟** **12点钟** **1点钟** **2点钟** **2点半钟**

← 花瓣较包拢　　　　　　　　　　花瓣较盛开 →

底座的形态与挤法

裱花时需要底座作为支撑。可以利用转接器，挤出下宽上窄的圆锥形，或是上下宽度一致的圆柱形，对于新手来说是很容易操作的方法。底座的作用是让花朵有支撑的基底，因为完成后看不到，挤得不漂亮也没有关系。

圆锥形

1 使转接器与花钉垂直，用力往下贴紧，挤出豆沙。

2 豆沙开始变大，慢慢越推越高，到 1 ~ 2 个指节的高度后停止。

3 快速抽起花嘴，就会形成一个尖角，完成圆锥形底座。

圆柱形

1 将转接器用力往下压，挤出豆沙后，让豆沙慢慢把转接器往上推。

2 挤到需要的高度后，停止挤豆沙，轻轻转一下再拿起来，做出切口平平的圆柱形底座。

装 饰 裱 花

一个完整的蛋糕装饰，除了摆放花朵外，也需要加入叶子、小草、莓果或满天星等配花点缀。这些配角不仅是用来填满空隙、遮蔽底座等的重要存在，也是让整体呈现自然、缤纷感觉的关键，以下将介绍几款常见蛋糕装饰的做法。

小草（花嘴 #2）

1 先挤出一个小圆作为底座，从中心直立向上挤出三四根小草。

2 接着从不同角度，随意地向外挤出数根小草。

3 逐步地挤出高度不一的小草，将部分空隙填满。

4 完成一组小草。

装饰时用花剪将小草嵌进花间缝隙，压一下花剪再抽出来，让小草隐约露出不规则的尖端，看起来就会很自然。

叶子（花嘴 #352）

1 把花嘴放到花朵之间的缝隙里后，在原地挤出可以把缝隙补满的量。

2 接着一边左右摆动花嘴一边往外拉，约做出想要的叶子大小时，逐渐减轻挤压力道并让摆动幅度变小，到达想要的位置后停止施力，将花嘴抽起来。

3 依同样方式，分别在其他位置挤出叶子。

4 叶子的大小可以依照缝隙的大小来决定，如果是比较大的空间，就挤大一点的叶子。

 如果是要摆放在蛋糕边缘的叶子，角度不能太大也不能太小，花嘴和花钉间的角度至少要是5°。如果是放在蛋糕上方的叶子，角度则可以做成约45°，这样比较好看。

 以前挤叶子有很多规则，但现在的人喜欢比较随兴的感觉。如果出现较大的空隙，也可以挤两片叶子，一片大一片小，两片稍微有点分开，看起来就会很自然。

∽ 莓果（花嘴 #5 或 #3）

1 莓果的体积较小，如果直接挤上去很容易脱落，可以在空隙中先挤一个底座支撑。

2 在底座上挤出需要的莓果大小后，停止挤，然后转一下花嘴后抽开。

3 接着在上方依次挤出数颗莓果就完成了。

 当花间的缝隙比较大时，只是用莓果补比较难，可以先找一个喜欢的方向挤上叶子，再放莓果上去，看起来更有层次。

 如果没有停止施力就直接抽开花嘴，会变成长条的形状。

BOX 莓果的颜色没有限制，可以用浅绿色做出小花苞的感觉，或是用紫色做成蓝莓的效果。过程中也可以换不同颜色，让整体感觉更丰富。可依照想要的尺寸选择花嘴（#5 较大、#3 较小）。

∽ 满天星（花嘴 #13 或 #2）

1 先在空隙间挤一点底座。

2 一边往外抽花嘴，一边挤出一些不同角度的线条。

∽ 藤蔓（花嘴 #13 或 #2）

1 先在空隙间挤一点底座。

2 将花嘴一边摇晃一边往外抽出，挤出线条明显的藤蔓状。

3 用同样方式挤另一条，做出不同方向、长短和粗细的藤蔓。

〰️ 豆沙蝴蝶装饰

材料及工具

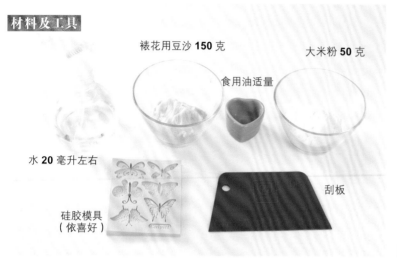

裱花用豆沙 **150** 克

大米粉 **50** 克

食用油适量

水 **20** 毫升左右

硅胶模具
（依喜好）

刮板

另备烘焙纸、色粉

做 法

1 将豆沙与大米粉放入碗中混合。

2 一边搅拌一边喷水，搅拌至看不到粉状的程度。

3 放入微波炉加热 1 分钟，使其出现弹性。

4 取出后，补喷适量的水，捏揉到黏土般带弹性的柔软程度。

5 取出需要的量，蘸取色粉（可选），稍微揉匀上色。剩余部分用保鲜膜包起来，才不会干掉。

6 在硅胶模具上沾点油，压入豆沙。

 如果水分太多，可以再加一些干米粉混合。

 团好的豆沙干得很快，记得随手用保鲜膜包起来。如果太干，可以再喷上少许的水捏软！

7 刮板持斜角，将豆沙表面稍微刮平。

8 脱模至烘焙纸上，稍微用牙签辅助，会更容易脱离。

9 置于烘焙纸上，用手捏成喜欢的立体形状。

10 放入烤箱中，以80～100摄氏度低温烘烤约10分钟即完成。也可以直接放着，自然干燥。

如何制作蛋糕体

蓝莓蕾丝米蛋糕

在正统韩式裱花蛋糕中，是以"米蛋糕"作为蛋糕体的。米蛋糕的传统做法是以"蒸"的方式，做出带有清新米香又韧弹的口感。但考虑到如果没有现吃容易干掉的问题，后来又衍生出"烤"的做法，在保存与食用上更为方便。接下来，教大家这两种米蛋糕的做法。

伯爵茶戚风米蛋糕

蒸法示范

蓝莓蕾丝米蛋糕　　尺寸：1 个 4 英寸蛋糕

材料

糯米粉 **80** 克

大米粉 **180** 克

冷冻蓝莓 **60** 克　　水 **70** 毫升　　砂糖 **3** 大匙（**45** 克）

（不使用糯米粉，也可直接用大米粉代替）

蔓越莓干适量（可选）

BOX

若为 6 英寸蛋糕，配方如下：
大米粉 320 克
糯米粉 150 克
水 150 毫升
砂糖 90 克
冷冻蓝莓 100 克

工具

蒸笼　　蒸锅　　慕斯圈　　不锈钢打蛋盆　　筛网

小筛网　　刮板　　量匙　　平面盘子　　硅胶垫
（蒸笼布）

另备厨房纸巾、蛋糕盖

前置准备

1 把蒸笼泡至水中浸湿，计时 5 分钟，即可拿起备用。

2 蒸锅加水至七分满，以大火加热。

3 将冷冻蓝莓从冰箱中取出解冻。

做 法

1 将 160 克大米粉、80 克糯米粉、60 克蓝莓依次放入打蛋盆中，
再倒入全部的水。

2 把碰到水后结块的粉，用手掌心搓散成细颗粒，没有太大的结块，就可准备过筛。

3 倒入筛网中，准备进行两次过筛。过筛时手掌心弯曲，利用掌心的弧度同方向画圆，搓米粉过筛。

4 完成第一次过筛。第一次主要是确认米粉湿度，如果不够湿就再加水，太湿则加入些许干米粉。

CHECK ! **确认湿度**

抓起一把米粉，轻轻捏一下，如果米粉在手上有黏性，稍微拨开时会呈块状，差不多就是适合的湿度。若未捏便已结块，就表示太湿；若结块很松散，则表示太干，可再加少量的水。

5 依照相同方法，进行第二次过筛。过筛完成后，即不再用力搓或按压。

6 接着加入砂糖，将手指打开顺着盆子边缘从底部将米粉向上稍微翻拌，注意不要拌太久，以免糖吸收米粉中的水汽而结块。

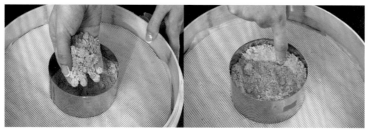

7 在蒸笼上垫厨房纸巾及硅胶垫，放上慕斯圈。将米粉轻轻抓起，放入慕斯圈边缘，约到一半高度后，用手指轻轻在慕斯圈四周画圈，使慕斯圈边缘的蛋糕体没有空隙。

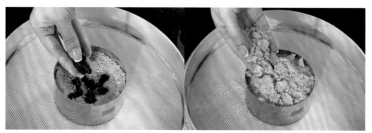

8 取适量蔓越莓干铺上去，再将米粉装到七八分满。

TIP 想要放其他莓果、果酱或坚果当馅料，也可以在这个阶段放入蛋糕中间。

9 接着重复一次画圈的动作，再将米粉装至略高于慕斯圈，然后用刮板从中间斜着往旁边刮，把表面铺平。

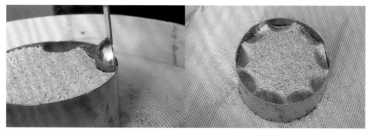

10 接下来制作蕾丝花边。准备一个量匙，在蛋糕边缘轻轻往下压出凹洞，深度约为量匙的一半。稍微留点间距后，再压入量匙，以此类推，直到绕完蛋糕一圈。

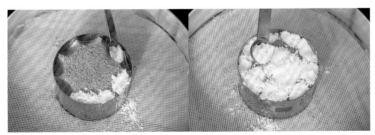

11 接着用量匙在压出的凹洞中慢慢加入剩余的大米粉，最后再用大米粉铺满蛋糕表面。

12 用刮板稍微把表面刮平，再用小筛网筛上一些大米粉，修饰蛋糕表面，使其平整。

13 进行脱模。脱模时先稍微拨开慕斯圈边缘的米粉，将两手的拇指与食指平均夹在四周，手靠在蒸笼上，将慕斯圈前后左右轻轻推动，和蛋糕间出现一些空隙后，慢慢往上取出慕斯圈。

TIP 务必确认慕斯圈已经完全离开蛋糕后，才可往旁边移动，以确保蛋糕整体完整。

14 将完成的蛋糕放入蒸锅中，大火蒸 25 分钟，关火后，再以锅中水蒸气焖 5 分钟。

15 蒸好后，利用平面盘子将蛋糕倒扣，再立刻盖上蛋糕盖密封，预防干燥，待冷却之后即可装饰、食用。

⌒⌒ 烤法示范

伯爵茶戚风米蛋糕　　尺寸：6 ~ 8个杯子蛋糕 / 1个6英寸蛋糕

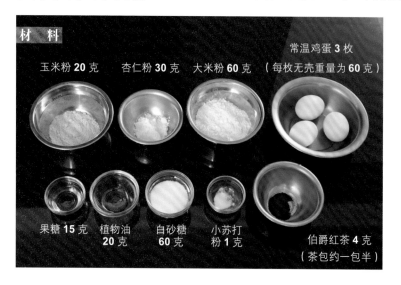

材料

玉米粉 **20** 克　　杏仁粉 **30** 克　　大米粉 **60** 克　　常温鸡蛋 **3** 枚
（每枚无壳重量为 **60** 克）

果糖 **15** 克　　植物油 **20** 克　　白砂糖 **60** 克　　小苏打粉 **1** 克　　伯爵红茶 **4** 克
（茶包约一包半）

工具

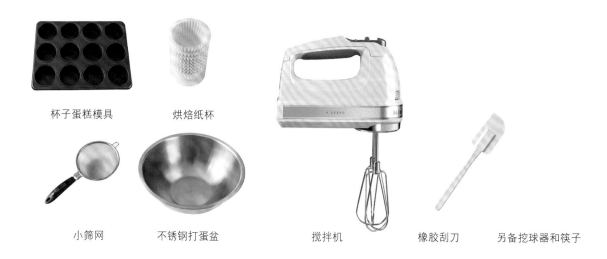

杯子蛋糕模具　　烘焙纸杯　　搅拌机　　橡胶刮刀　　另备挖球器和筷子

小筛网　　不锈钢打蛋盆

前置准备

烤箱先用 180 摄氏度预热 30 ~ 35 分钟。

做 法

1 将大米粉、杏仁粉、玉米粉、小苏打粉、伯爵红茶放入打蛋盆中，混合后过筛。

2 将蛋白和蛋黄分离。在盛装蛋黄的打蛋盆中放入 30 克白砂糖、植物油、果糖，稍微搅拌。

3 再加入步骤 1 中的一半粉类混合物，然后搅拌均匀。

4 接下来打蛋白霜。将剩余的 30 克白砂糖分三次加入蛋白里，打发至抽出搅拌机时蛋白霜呈现倒钩状，打蛋盆倒过来不会滴落的湿性发泡程度。

5 取一半蛋白霜，加入步骤 3 的蛋黄混合物中，用刮拌的手法拌匀。

6 将剩余的粉类混合物及另一半蛋白霜全部倒入，在不破坏蛋白霜泡沫的情况下，同样用刮拌的手法轻柔搅拌，避免消泡。

7 在杯子蛋糕模具中放入烘焙纸杯，用挖球器将搅拌好的面糊倒入约六分满，再用筷子把气泡轻轻搅散后，将蛋糕模具放在桌上轻敲几下，敲出中间的空气。

若欲制作 6 英寸蛋糕，可先在蛋糕模具里涂奶油，方便脱模。

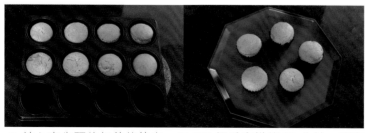

8 放入事先预热好的烤箱中，用 170 摄氏度烘烤 20 分钟，烤完之后倒扣放凉，即可脱模使用。

烘烤时间可根据烤箱实际状况作调整，若是要做 6 英寸蛋糕，则需烤 30 分钟。

单花篇

**从1朵花、1个杯子蛋糕开始的
甜蜜小宇宙**

玫瑰 *Rose*

填入代表浪漫的颜色，
堆叠一层又一层花瓣，从含苞到盛开，
Anna 的甜蜜裱花园，就从这朵玫瑰开始绽放。

玫瑰

粉色　　　**#124**

| 制 作 方 法 |

1 制作底座 & 花芯

① 在花钉上挤出约 1 个指节高的圆锥形底座。

② 接着挤花芯。花嘴保持 11 点钟方向，把 B 点靠在底座上。

③ 挤出豆沙后开始逆时针转花钉，A 点在顶端挤出一个小小的圆后，使花嘴边挤边收到底部，直到花嘴碰到花钉为止。

④ 挤好的底座和花芯。

2 制作第 1 层的 3 片花瓣

① 使花嘴保持 11 点钟方向，B 点贴在靠近花芯的底座上。

② 挤出豆沙后，拉高花嘴的同时逆时针转花钉，然后收到底，做出略高于花芯的彩虹形花瓣。共挤出 3 片。

3 制作第 2 层的花瓣

① 将花嘴转到 12 点钟方向，B 点贴在底座上。挤出豆沙后转花钉，做出彩虹形花瓣。

② 挤出 3 ~ 5 片弧度较大、上下起伏的彩虹形花瓣，高度与第 1 层的 3 片花瓣相同。

4 制作第 3 层的 5 片花瓣

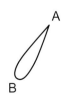

TIP

每一层的花瓣收尾时，可用花嘴轻轻将花瓣开口往内收，避免收尾的角度太开而翻起。

将花嘴转到 1 点钟方向，B 点贴在底座上。挤出豆沙后转花钉，做出 5 片略低于上一层的彩虹形花瓣。每片收的时候都要收到底部。

TIP

为了让花的层次更明显，每一层花瓣的第一片
可以从上一层花瓣的中间处开始挤，让位置稍
微交错，避免重叠。

5 制作第 4 层的 5 片花瓣

① 将花嘴转到 2 点钟方向，B 点
　贴在花瓣与底座的交界处。

② 依同样方法挤出 5 片上下起伏
　的彩虹形花瓣，高度略低于前
　面的花瓣，做出盛开的效果。

③ 完成后从上方检查花型，如果
　不够圆就再补花瓣。同一圈花
　瓣的大小、高度应尽量一致。

~装饰组合~

decoration

Step 1
先用豆沙在中心挤一个
圆弧形底座。

Step 2
放上 3 朵主要的玫瑰。

Step 3
在花朵和花朵的交界处，
可以再插几朵小玫瑰。

Step 5
边缘的叶子不要太长
太尖，有点角度会看
起来比较立体。

Step 4
在缝隙中挤出叶子
和莓果。

苹果花 *Apple blossom*

只要善用5格的辅助纸，
就可以轻易挤出等大的花瓣。
小巧的苹果花无论陪衬在大的花朵旁，
还是聚集几朵做成花丛，都很受人喜爱。

苹果花

橘粉

#103

咖啡

#23

| 制 作 方 法 |

1 粘烘焙纸

①使用 **#103** 花嘴，先在花钉上挤一个小小正方形的豆沙。

②粘上一张 5 格的辅助纸，使其固定好不移动。

③中心再挤一个小正方形豆沙，粘上一张大于花钉的方形烘焙纸。

TIP

裁好的烘焙纸若有弯度，请将弯面朝下，挤好的花才不会往上翘。

PLUS 市面上有裱花专用的辅助纸出售，但其实也可以自己用笔画一张，或是直接在烘焙纸上用豆沙挤出等间距的 5 条线（将附图用笔描到纸上裁下，即为辅助纸）。

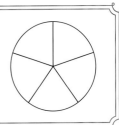

---

2 制作前 4 片花瓣

①将辅助纸转正，花嘴以 2 点半钟的角度放到正上方的线上，B 点贴住中心。

②花嘴 B 点由中心点开始，往上挤出圆弧形花瓣，同时逆时针转花钉，结束时 B 点回到中心点。

③下一片花瓣同样 B 点从中心点出发，贴着上一片花瓣挤，再回到中心点，刚好在线到线的格子内。依次挤出 4 片花瓣。

3 制作第 5 片花瓣

① 同样将 B 点贴在中心点，沿着辅助线往上挤出豆沙。

② 在收尾时，稍稍抬高花嘴再往下挤，让花瓣叠在第 1 片花瓣上。B 点不要太用力，以免在第 1 瓣和最后 1 瓣间戳出空洞。

③ 完成 5 片花瓣。

TIP

挤豆沙时，右手仅上下移，不要左右移。要一边挤一边转花钉。

4 制作花蕊

① 换成 #23 花嘴，拌入黄色或浅咖啡色豆沙，在 5 片花瓣正中心挤上少量的豆沙，三四次即可，依据花朵的大小而定。

② 完成。

~ 装 饰 组 合 ~

decoration

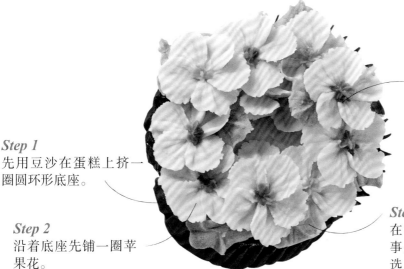

Step 1
先用豆沙在蛋糕上挤一
圈圆环形底座。

Step 2
沿着底座先铺一圈苹
果花。

Step 3
再叠上几朵花面向外的
苹果花。花朵之间相互
交错，平面花就能显得
有立体感。

Step 4
在花朵的缝隙间，摆上
事先挤好的叶子。叶子
选用较短圆的形状看起
来较搭配。

波斯菊 *Cosmos*

就算是同一种花型，只要利用不同大小作搭配，
也能表现出多层次的丰富感。
等技巧纯熟后将花嘴夹扁一点，
挤出来的花瓣会更加薄透自然。

波斯菊

粉红　　　**#104**　　　黄白　　　浅咖啡　　　**#23**

| 制 作 方 法 |

1 粘烘焙纸 & 制作底座

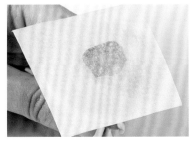

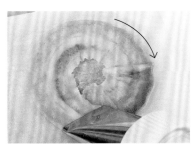

① 使用 13 号花钉和 #104 花嘴，在花钉上挤一点豆沙后，粘一张大于花钉的烘焙纸。

② 花嘴 A 点在花钉中间，B 点在花钉外侧，挤出豆沙后顺时针转花钉，挤一圈平铺的底座。

2 制作花瓣

① 将花嘴转到 2 点半钟方向，B 点贴在花钉中心，沿直线往上挤出豆沙，不转花钉。

② 直线挤到底座边缘，微微抖动花嘴并逆时针转花钉，做出自然的皱褶后，在中心收回花嘴，完成一片花瓣。

③依照同样方式，挤满一圈后，即完成第1层波斯菊的花瓣。

④接着将花嘴转到2点钟方向，在第1层花瓣的同样位置上，依同样方式挤第2层花瓣。

⑤沿着之前的花瓣再挤第3层，做出来的花型更立体。

TIP

花瓣与花瓣中间预留一些空间，不要贴太紧，这样层次较好看。

3 制作花蕊

①换成 #23 花嘴、黄白色豆沙，先在中心点挤出一个球状的底座。

②随意点上豆沙，做出自然的颗粒感。

③ 换成咖啡色豆沙，挤出少量豆沙修饰，在黄色花蕊的周围挤一圈即
　　完成。

~ 装饰组合 ~
decoration

Step 3
仔细观察各角度，如出
现缝隙即以小莓果填补。

Step 1
在蛋糕上挤一个圆弧形
的底座。

Step 2
先以三角形的方式放上 3
朵大波斯菊，再放几朵
小波斯菊增加层次感。

Step 4
在边缘挤上叶子。

山茶花

气质出众的山茶花，
以粉色诠释显得温婉脱俗，
即便是看似张狂的大红色系，
也能轻松驾驭出内敛的优雅气度。

山 茶 花

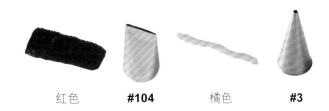

红色　　　**#104**　　　橘色　　　**#3**

｜制 作 方 法｜

1 制作底座

①做出一个约半指节高、略宽的底座。

②使用 **#104** 花嘴，在中心用豆沙画 2 个小小的正方形。

2 制作第 1 层花瓣

A

B

①将花嘴转到 12 点钟方向。

②使花嘴轻贴中间的正方形边缘，边挤豆沙边转花钉，做出彩虹形花瓣。

③依照同样方法挤出 3 片，花嘴的角度都维持 12 点钟方向，花瓣之间稍微交错重叠。

NG 中间的正方形是用来空出中心的记号，不要绕着正方形挤，会挤出很大的花芯。

3 制作第 2 层花瓣

A

B

① 将花嘴转到 1 点钟方向，贴在内层花瓣和底座的交界处。准备挤 4 片花瓣。

② 使花嘴的方向保持不动，一边逆时针转花钉一边挤出豆沙，再收回到底座上，完成第 1 片。

TIP

如果挤出来的花瓣有点破，就表示挤的力道不够，要再用力一点。

③ 第 2 片从稍微交错的位置开始挤出豆沙，再收回到底座上。

④ 依照同样步骤挤好 4 片花瓣，大致围成一个正方形。

4 制作第 3 层花瓣

A

B

TIP

挤第 5 片花瓣前，先用手稍微把第 1 片收进去再挤，会比较漂亮。

① 将花嘴调整到 2 点钟方向，从上层花瓣和花瓣的中间开始，准备挤一圈比较盛开的花瓣，约 5 片。

② 将花嘴放在花瓣和底座的交界处，一边转动花钉，一边用力挤出豆沙，感觉像是用 A 点去画一个圆，再收到底。依照同样方式挤好 5 片花瓣。

TIP

挤第1、第2片花瓣的时候，视线要看着正在挤的花瓣，但第3片后则要看着整体，有没有每片一样大。从上方看，每一片都有个圆圆的弧度就对了。

NG 起点和收尾时，花嘴如果没有插入底座内，做出来的花瓣就会看到断点，比较不好看。

5 制作花蕊

①换成 #3 花嘴，在中间用豆沙挤一圈圆圆的底，不要挤太多，稍微推平。

②再挤出一颗颗的小圆球绕底一圈。

③最后将中心填满即完成。

~装饰组合~
decoration

Step 3
在花朵之间插进事先挤好的叶子。

Step 2
将 3 朵山茶花，以朝外的角度摆放，形成一个三角形。

Step 4
最后在 3 朵花的中心缝隙处挤上莓果。

Step 1
先用豆沙在中心挤一个圆弧形底座。

栀子花 *Gardenia*

由内而外越来越开的层次变化，
是栀子花外观上最大的特征。
为模拟真花而特意以纯白呈现，
表现出淤泥而不染的无瑕氛围。

| 花 型 | | 豆沙颜色 & 花嘴 |

栀子花

白色 　　 **#125K**

| 制 作 方 法 |

1 制作底座 & 花芯

① 先挤一个表面平整、略宽的圆柱形底座。

② 将花嘴转到 11 点钟方向，B 点贴在底座正中心。一边逆时针转花钉，一边往外挤，再往内收回底座，挤出一片圆弧形的花瓣（花嘴转动幅度为 11 点钟 ～ 12 点钟方向）。

③ 依照同样方式，以正中心为起点，往 3 个方向挤出 3 片花瓣。

④ 在 2 片花瓣中间，再做出 1 或 2 片相同弧度的花瓣，填满空隙。

⑤ 重复相同的做法，从中心挤出一片又一片的花瓣，让它们包住整个花芯。

TIP

从正上方
看里面的
花芯，呈
现螺旋状。

⑥接着将花嘴转到 12 点钟方向，在外层挤 2 或 3 片彩虹形花瓣，包
住整个花芯。外圈花瓣要比内圈的稍微高一点。

2 制作外层花瓣

TIP

花瓣会形
成有尖角
的褶痕。

①将花嘴转到 1 点钟方向，贴在花芯和底座间。挤出豆沙后逆时针转
花钉，将 A 点往外拉开，停止挤，再将拉开的花瓣往内折回，收回
底座，做出一片有明显褶痕的花瓣。

②第 2 片稍微重叠第 1 片，以同
样方式挤出第 2、第 3 片，完
成第 1 层。

③用同样方式，再挤出第 2 层的
3 片花瓣。

④继续往外围挤出一层一层的花
瓣，越外面的花瓣越大，挤到
想要的花朵大小后即可停止。

⑤完成后使用花剪移动即可。

~ 装饰组合 ~
decoration

Step 3
在边缘挤上叶子。可以
选择带有尖角且稍微深
色的叶子，以衬托主花。

Step 1
先在蛋糕中心挤一
个圆弧形的底座。

Step 2
放上一朵盛开的栀
子花。

蓝盆花 *Scabiosa atropurea*

细腻的皱褶加上长短堆叠，
仿佛裙摆翩翩飞舞般的花瓣，
只要一点小诀窍就能轻松完成。
花蕊做大一点，周围仅保留短花瓣，
还能做出自然凋落后的效果，很适合装饰。

蓝盆花

蓝紫色　　　**#104**　　　**#102**　　　**#23**　　　黄色 + 绿色　　　**#2**

| 制 作 方 法 |

1 制作底座

①使用 13 号花钉，先在花钉上
　粘一张方形烘焙纸。

②把 #104 花嘴的 A 点放在内侧，B 点靠花钉外侧，一边转花钉，一
　边挤出 2 层豆沙作为底座。

2 制作第 1 层花瓣

①将花嘴转至 2 点钟方向，B 点贴住底座，从花钉的正上方位置开始挤花瓣。

TIP

挤出皱褶的技巧在于，利用花嘴
上下移动，以及手腕晃动花嘴。
挤的同时要转动花钉，皱褶才不
会粘成一团。

②利用手腕晃动花嘴，先挤出两三个皱褶，再挤出一个圆弧形，以"挤
　皱褶 + 画圆"的方式，交错反复进行，做出第一层的 5 或 6 片花瓣。

TIP

挤的时候不用刻意计算皱褶数量或幅度大小，让大大小小的皱褶相互交错、无规律，才会显得自然生动。

③完成第 1 层的花瓣。花瓣与花瓣间保留一些空隙，才不会太挤而更有层次感。

3 制作第 2 层花瓣

①第 2 层与第 1 层重叠，可将花嘴 A 点稍微抬高，才能做出第 2 层较高的角度。

②同样以"挤皱褶 + 画圆"的方式，完成第 2 层。

4 制作内圈小花瓣

TIP

小花瓣可以随意挤制，适度做点皱褶，或者改变弯曲方向。

①改用 #102 花嘴，转至 1 点钟方向，准备在内圈挤小花瓣。

②沿着刚刚挤好的花瓣内圈，将花嘴 B 点靠在第 2 层花瓣上，由上往下画出小圆弧形的立体小花瓣，花瓣间不交错。

5 制作中间的花蕊

①改用 **#23** 花嘴，在中间铺满一个圆形底座。

②再换 **#2** 花嘴。由圆形底座的外侧开始，挤出一颗颗圆球花蕊，再向内逐渐补满整个圆。

③再换回 **#23** 花嘴，在圆球缝隙间以及与花瓣的交界处，拉一些不规则的简短线条。

~ 装 饰 组 合 ~
decoration

Step 1
先在蛋糕中心挤一个圆弧形的底座。

Step 2
放上一朵盛开的蓝盆花。

Step 3
在边缘挤上几片颜色较深、较大的叶子。

Step 4
在深绿色叶子与花朵之间的交界处，再挤上浅绿色的叶子，加强层次感。

水仙花 *Daffodil*

水仙花和苹果花最大的差异，
除了杯状花芯，还有略呈尖角的花瓣形状。
挤豆沙时试试不同角度、停顿点，
会发现呈现出的效果不同，相当有趣。

水 仙 花

浅黄　　　　#103　　　　深黄　　　　#2

❦
| 制 作 方 法 |

1 粘烘焙纸

①取一张均分成 6 格的辅助纸，利用豆沙粘在花钉上（6 格辅助纸做法参考 P79）。

②在辅助纸上挤一个小正方形豆沙，再铺一张大于花钉的烘焙纸。

2 挤外围花瓣

①将 #103 花嘴转到 2 点半钟方向，B 点摆在中心位置。

②沿着辅助线，一边逆时针转动花钉，一边往上挤出豆沙。

③挤到辅助格的一半时，停一下，再边转花钉边直直往下挤到中心。

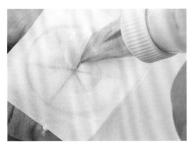

④做出略带尖角的花瓣后，再依同样方式挤好第 2 ～ 5 片花瓣。

⑤挤第 6 片时，稍微抬高 B 点，转回中心时压一下再拿起来。

3 挤中心杯子状花瓣

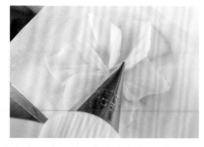

TIP

可以先用牙签在 6 片花瓣的正中心戳一个点做记号，会更容易辨识中心位置。

①将花嘴转到 1 点钟方向，B 点贴在中心上，右手手臂夹紧，较不易晃动。

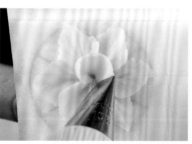

②使花嘴保持固定位置不动，挤出豆沙后，以同样的力道和转速转花钉一圈。

③绕完一圈后，B 点稍微压一下中心，再抽起来，做出一个下窄上宽的杯子状花瓣。从正上方看中心有一个小圆点。

4 制作花蕊

TIP

挤豆沙时的力道一致，抽起花嘴时，豆沙才会很利落地分离，如果粘着豆沙，就表示施力不均。

①接下来要挤花蕊。先在杯子状花瓣中间挤一点豆沙垫高，当作花蕊的底座。

②以一致的力道挤豆沙，由下往上挤到想要的高度后（不要超过杯子状花瓣的高度），停止挤，再抽起花嘴。

③依照同样方法在中心做出约6根花蕊即完成。

~装饰组合~
decoration

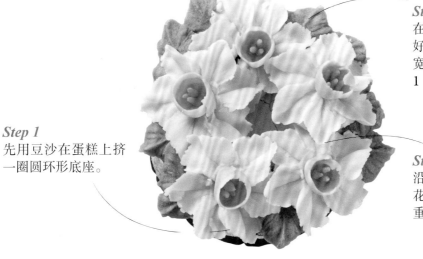

Step 3
在蛋糕边缘摆上事先挤好的叶子。花朵间隔较宽的放2片，较窄的放1片即可。

Step 1
先用豆沙在蛋糕上挤一圈圆环形底座。

Step 2
沿着底座铺一圈水仙花，花瓣彼此稍微交错重叠。

芍药 *Angel cheeks peony*

结合两种不同花瓣形态的芍药，
即便单单一朵，也丝毫不显单调，
不论盛开还是花苞的姿态，
都是足以聚焦众人目光的存在。

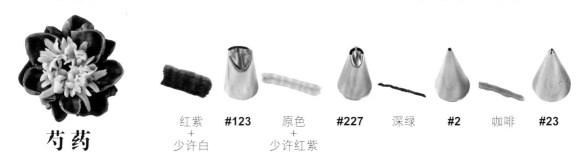

芍 药

红紫 + 少许白　　**#123**　　原色 + 少许红紫　　**#227**　　深绿　　**#2**　　咖啡　　**#23**

❧ | 制 作 方 法 |

1 制作底座

①用豆沙在 13 号花钉上粘一张方形烘焙纸。

②把 #123 花嘴垂直贴在花钉上距离花钉边缘约 0.5 厘米的地方。转花钉一圈，挤出环形底座。

2 制作第 1 层花瓣

①B 点放在中心，A 点轻靠环形底座，花嘴呈 2 点 ~ 2 点半钟方向。

②逆时针转花钉，从中心向外挤豆沙到想要的高度后，往下折回中心，做出圆弧形花瓣。

③花瓣间保留一点空隙，准备挤第 2 片花瓣。挤的时候晃动手腕，做出自然的大皱褶。

④第 3 片花瓣挤小一点，第 4 片花瓣则是有皱褶的大花瓣。

⑤第 5 片花瓣再挤小一点，完成第 1 层花瓣。

3 制作第 2 层花瓣

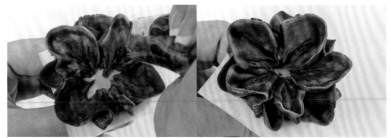

①将花嘴转到 12 点钟方向，放在第 1 层花瓣和花瓣间的空隙中，挤出豆沙作为底座。

②在花瓣之间的底座上，再次做出皱褶自然的花瓣，约 5 片。花瓣位置不要和上一层重叠。

4 制作花蕊

①换成 #2 花嘴，在正中心挤一个圆形底座填满底部。

②挤出豆沙后，用花嘴一边绕小圆一边往上挤，做出底宽顶细的长条状花蕊。

③总共挤 5 条花蕊，让它们的顶部在中心靠拢。

④再换成 #23 花嘴，在绿色花蕊边缘拉出一些不规则的咖啡色花蕊，围成一圈。

⑤完成双色的花蕊。

5 制作小花瓣

①换成 #227 花嘴，使花嘴贴着花蕊外围，垂直往上拉出短小的花瓣。

②一圈挤五六片花瓣，让花瓣的角度向内弯，总共做出 2 圈。

③接着挤第 3 圈，这一圈的花瓣要稍微以 45° 角往外抽开。

④随意抽出不同方向的小花瓣，让它呈现自然的凌乱感。约挤 4 层。 ⑤完成。

~ 装 饰 组 合 ~
decoration

Step 1
先在蛋糕中心挤一个
圆弧形的底座。

Step 3
在边缘挤上叶子。

Step 2
放上一朵盛开的芍药。

PLUS

芍药花苞

1 制作底座 & 花蕊

① 先挤一个圆锥形的底座，顶端
表面稍微平整。

② 使用 #2 花嘴，在中心挤上 5 个底宽顶细的小花蕊，花蕊的顶部要往中间靠拢。

③使用 **#23** 花嘴，沿着绿色花蕊挤上一圈咖啡色小花蕊。

2 制作中间花瓣

①使用 **#227** 花嘴，贴着花蕊外　②沿着花蕊挤一圈，花瓣的角度
　围，往上拉出花瓣。　　　　　　要向内包。

③第 2 圈花瓣可以挤得略长一点，做成自然向上延伸的花瓣。如果
　花瓣一下就垂下来，就表示力道太小，可以稍微用力，花瓣才能立
　得住。

④第3圈的花瓣让它随意绽放，长度和第2圈一样即可。

3 制作最外层花瓣

① 使用 #123 花嘴，将花嘴的 B 点贴在底座上，开始挤豆沙，以手腕带动花嘴，由下往上画一个半圆，再收回到底座，略高于中间花瓣。

② 从和上一片花瓣稍微重叠的地方，依相同方法挤出下一片。

③ 绕完一圈后，外围再随意挤上一圈较小的花瓣。

④ 完成。

洋桔梗 *Lisianthus*

温润的豆沙原色，加上围绕边缘的紫，
做成细边，或是刻意扩大渲染范围，
在裱花的世界中，个人喜好就是唯一原则。

洋桔梗

| 原色 + 紫 | #125 | 咖啡 | #2 |

| 制 作 方 法 |

1 制作底座 & 花蕊

① 先在花钉上挤一个圆柱形的底座，高度约 1 个指节。

② 使用 #2 花嘴在中心挤一个底座，接着挤出高 0.5 厘米左右的长条花蕊。共 6 ~ 10 条。

2 制作包住花蕊的花瓣

A

B

① 改用 #125 花嘴，转到 12 点钟方向。使花嘴贴着花蕊，将 B 点插入底座中，略高于花蕊。

② 挤出豆沙后开始逆时针转花钉，围成一个圆后，B 点往下压一下再抽开，做出 1 片包住花蕊的花瓣。

TIP

挤出来的圆必须贴紧花蕊，中间不能有明显的空隙。若是觉得绕一圈很困难，也可以做成 2 片花瓣去包覆。

3 制作中间花瓣

①将花嘴转到 11 点钟方向，一边转花钉一边往上挤豆沙，再往下收回底座，拿起来。每一片花瓣约绕花蕊半圈。

②第 2 片花瓣从和第 1 片重叠约 2/3 的位置开始挤，同样挤半个圆后收回底座。

③依同样方式挤 5 片左右，沿着花蕊边缘绕一圈。

4 制作外侧花瓣

①将花嘴转到 2 点钟方向，B 点放在花瓣和底座交接处，准备挤花瓣。

②一边逆时针转花钉，一边往上挤出豆沙，将 A 点左右摆动两次，再往下收回底座，做出带有自然弧度的花瓣。

TIP

挤花瓣时需要晃动手腕去带动 A 点，因此手腕要放松，才能挤出自然的弧度。如果在侧边不好操作，可以改为从花的背面做，这样比较顺手。

③依同样方法绕完一圈，每片花瓣稍微交错。挤豆沙时一定要同时转花钉，不然花瓣就会皱在一起。

TIP
每圈花瓣没有一定的瓣数或大小，只要保持花朵呈圆形即可。

④再依次往外挤，共约3圈。越外侧的花瓣，晃动的幅度可以越大，做出比较盛开的模样。

~装饰组合~
decoration

Step 1
先用豆沙在中心挤一个圆弧形底座。

Step 2
将3朵洋桔梗各自朝外摆放，形成一个三角形。

Step 3
在蛋糕边缘插进事先挤好的叶子。

Step 4
在叶子与花朵的空隙间，再挤上小草与小叶子。

Step 5
在3朵花的中心空隙处挤上莓果。

非洲菊 *Gerbera*

自由奔放的非洲菊，
是很多初学者最喜欢的花型，
没有什么规则，乱乱的反而更好看。
随意抽出不同方向的线条，
即可打造真花般的自然丰富感。

| 花 型 |

非洲菊

| 豆 沙 颜 色 & 花 嘴 |

粉橘 + 白　　#227　　橘黄　　深咖啡　　#23

| 制 作 方 法 |

1 制作底座 & 花蕊

① 先在 13 号花钉上挤一个又宽又大的豆沙底座。

② 取 #23 花嘴、橘黄色豆沙，使花嘴轻靠底座表面，用力挤出豆沙后，压一下再抽起来。在底座上挤出自然的细小花瓣，形成一个蓬蓬的、直径约 1 厘米的花蕊。

③ 改用深咖啡色豆沙，一边转花钉，一边绕着浅色花蕊的外侧挤一圈稍微高一点的自然的小花瓣。

2 制作内层花瓣

① 换成 #227 花嘴，贴着深咖啡色花蕊垂直往上挤出一圈约 0.5 厘米高的花瓣。

② 花瓣和花瓣间可保留空隙，挤完第 1 圈花瓣。

③接着挤第2圈花瓣，可做在第1圈花瓣与花瓣间的空隙中，角度可随意向内外倾斜。不用挤得太密，稍微留点空间让花瓣可以自然倾倒，也可使用牙签调整角度。

④依次挤约3圈内层花瓣，每一圈的高度略高于上一圈。

3 制作外层花瓣

①先在花瓣与底座的交界处补一圈底座。

②将花嘴沿着内层花瓣贴在底座上，接着稍微用力，朝45°角挤出可以立起来的花瓣，长度为1 ~ 1.5厘米。

> ***TIP***
>
> 内层花瓣角度较直立，外层花瓣角度为45°。

③第2层和第3层花瓣皆为45°，长度也一样，这样花型才会越来越大。

④最后检查整朵花是否有空隙，
　若有则再补上花瓣。

⑤完成后就可以用花剪移动了。

PLUS 想要做小一点
的非洲菊，只
要挤出内层花瓣即可，挤
的时候花瓣角度稍微向内
包。如果要做小花苞，就
把花嘴改成 #101，挤一
层花瓣就完成了。

~ 装 饰 组 合 ~
decoration

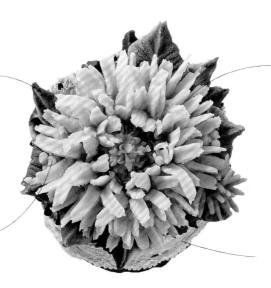

Step 3
在边缘用不同深浅色
的豆沙挤上叶子。

Step 2
在中间放一朵盛开的
非洲菊。

Step 4
在叶子与花朵间的交
界处，再挤上不同颜
色的莓果与小草，让
色彩更缤纷。

Step 1
先在蛋糕中心挤一个
圆弧形的底座。

兰花 *orchid*

讲究规律对称的兰花，
好比自然界中的完美主义者。
不论新手老手都必须严阵以待，
才能挤出最一丝不苟的极致比例。

| 花 型 |

兰花

| 豆 沙 颜 色 & 花 嘴 |

原色 + 浅绿　**#123**　　　**#3**　　　浅粉　　　**#59°**

| 制 作 方 法 |

1 制作底座

TIP

兰花的重点在于花瓣的对称性，
第 1 层是由下方 1 片大花瓣，以
及上方 2 片较小的花瓣组成的。

① 使用 13 号花钉与 **#123** 花嘴，
　先挤出 2 层平铺的豆沙底座。

② 在底座上稍微用豆沙挤一个 Y
　字形，作为 3 片花瓣位置的
　记号。

2 制作第 1 层花瓣

① 以做好的记号为中心线，将花
　嘴贴住底座，B 点靠在中心。

② 挤出豆沙后，将花嘴往斜上方
　推出去，到想要的长度后停一
　下，微微逆时针转花钉，再往
　下收。

③ B 点回到中心，做出一片大花瓣。

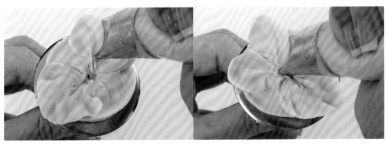

④ 接着在另外两个记号处，依相同方式挤出 2 片小的花瓣。2 片大小
　尽可能相同。

3 制作第2层花瓣

① 先在左右两侧各挤一点豆沙，作为记号。

第2层　　　　　　　　第2层

② 第2层花瓣要在第1层花瓣上，做出左右对称的两片大花瓣。

③ 把花嘴B点靠紧中心，A点稍微抬高。

④ 挤出豆沙后，将花嘴往斜上方画一个弧，到想要的长度后停止挤，逆时针转花钉，再画一个弧，将B点收回中心。

⑤ 依同样方式挤出另一侧花瓣。

⑥ 完成左右对称的2片花瓣。

4 制作中间唇瓣 & 花蕊

① 换成#59花嘴，放在右侧花瓣的边缘，A、B点贴在花瓣上。

② 逆时针微微转动花钉，花嘴顺势画一个弧形，做出1片立体唇瓣。

③ 接着依相同方式，在左侧花瓣上做第2片立体唇瓣。

④最后在左右花瓣的交界处，再挤第 3 片立体唇瓣。

⑤换成 #3 花嘴，在 3 片唇瓣的正中心，边转边往上挤豆沙，做出一条底宽顶细的花蕊。

⑥最后用牙签在花蕊上随意戳一戳，让表面变得粗糙，看起来会更自然。

~ 装 饰 组 合 ~
decoration

Step 2
将 3 朵兰花朝外摆放，相互稍微重叠。

Step 3
在蛋糕边缘以及花朵的交界处挤上叶子，使用不同深浅的绿色，增加立体感。

Step 1
先用豆沙在中心挤一个圆弧形底座。

Step 4
在叶子与花朵的空隙间，再挤上数量不一的莓果。

羊耳叶

可以沿着此图描绘一张辅助纸，
垫在烘焙纸下使用。

花嘴 #104

基本款 **TIP** 以花嘴 B 点为支撑点，要一直紧贴
花钉，不要离开中线喔！

1 在花钉上挤一点豆沙后，粘一
张大于花钉的烘焙纸。

2 使 A、B 点都贴在花钉上，先
画出一条中线做记号。

3 使花嘴和花钉成 45° 角，贴
着花钉往斜角挤出豆沙。

4 边晃动花嘴边挤出皱褶，挤到
想要的位置时，花嘴和花钉成
90° 角，停一下。

5 接着往下挤，B 点沿着叶子中
线，稍微转动花钉。

6 边挤边改变花嘴角度，从 90°
慢慢转回 45°。

变化款

锯齿叶缘款

花嘴晃动的幅度越小，越能做出细致的皱褶，叶缘会呈现出小小的锯齿效果。

小叶款

往上稍微挤一点点后，就将花嘴转到 90°，停一下，再往下收回到 45°。

短圆款

让花嘴宛如画半圆一样挤出豆沙，到高点时不做停留，顺势收回，叶缘看起来就会比较圆润。

细长款

挤出去的时候直直向上，再保持 90° 往下挤，最后再转动一点点角度收尾。

叶纹款

边挤边晃动花嘴，将皱褶做得更明显，每个叶纹的线条会更立体。

卷叶款

以画圆的方式一圈圈往上挤出短叶，再依同样方式挤回来。

 TIP 不管哪种叶子，挤的时候花嘴和花钉都会维持 "45°→90°→45°" 的角度。

 TIP 制作叶子时，记得在挤豆沙的同时，花钉也要跟着转动。

Chapter

03

多花篇

以不同花型作搭配，
杯子蛋糕上的浪漫裱花园

由英国园艺大师奥斯汀培育的独特花种，
加上薰衣草的普罗旺斯情怀，
一发不可收拾的欧式浪漫，就此展开。

奥斯汀玫瑰 & 薰衣草
Austin Rose & *Lavender*

花 型	豆 沙 颜 色 & 花 嘴

奥斯汀玫瑰

粉橘　　**#124**

❧
| 制 作 方 法 |

1 制作底座

①将花嘴的 A 点靠中心点，B 点贴在花钉边缘。

②边挤豆沙边转花钉，挤出 2 层平铺的底座。

> **TIP**
>
> 因为第 1 片花瓣没有支撑点，所以一定要将 B 点嵌在底座内挤，豆沙才站得住。

2 制作第 1 层内侧星形花瓣

①使花嘴和花钉保持平行，转到 12 点钟方向，将 B 点靠在底座的中心。

②挤出豆沙后将花嘴往后拉，顺时针转花钉，再回到中心点，做出一片圆形站立的花瓣。

③将豆沙挤出后，一边转动花钉，一边用花嘴将豆沙靠向中心点。

④使豆沙在花钉中心靠紧，尽量保持力道一致、圆形花瓣大小一致，如果无法一次做完，可以一片一片分次慢慢完成。

第 1 片花瓣

⑤依上图所示，以同样方式挤出大小相近的 5 片花瓣，做出星星般的 5 瓣花。

3 制作 4 层内侧星形花瓣

①沿着第 1 层星形花瓣，依照同样方式挤出第 2 层花瓣。如果豆沙断
  了，就从花瓣间的凹处再继续挤下一片，做出真花般的凌乱感。

②绕出约 4 层的星形花瓣。每层花瓣的高度都略高于前一层，做出层
  次感。

4 完成星形花瓣

①挤完星形花瓣后，从花钉正上方观察是否呈圆形。若不够圆，可在花瓣和花瓣间的空隙处，用花嘴从中心点挤出小花瓣，并同时逆时针转花钉。

②从正上方看呈圆形，即完成内侧花瓣。

5 制作第 1 圈外侧花瓣

A

B

①花嘴保持 12 点钟方向，A、B 点贴在内侧花瓣上。

②挤出豆沙后转动花钉，将花嘴抬高，再往下收回底座，做出略高于内侧的彩虹形花瓣。

③共挤出 3 ~ 6 片彩虹形花瓣，每片稍微交叠，绕住中间的星形花瓣。

6 制作第 2 圈外侧花瓣

① 将花嘴转至 1 点钟方向，放在上层花瓣的中间，B 点贴在底座上。逆时针转动花钉，挤出彩虹形花瓣。

② 依同样方法挤完第 2 圈外侧花瓣，每圈有花瓣 3 ～ 6 片。

③ 挤完第 2 圈花瓣后的样子。

TIP

挤完中间星形花瓣后，外侧第一圈的花瓣绕成一个圆，前后稍微交错。最外圈花瓣同样再绕一个圆，长度为前一圈相邻两片花瓣的中间到中间。每一圈重叠的位置尽量与前一圈错开。

7 制作第 3 圈外侧花瓣

① 使花嘴保持 1 点~2 点钟方向，放在前一圈花瓣的中间，B 点贴在底座上。

② 挤豆沙的同时转动花钉，挤出略低于前一圈花瓣、盛开幅度较大的彩虹形花瓣。

③ 以彩虹形花瓣绕满一圈，不需要太在意瓣数，如果最后剩的缝隙较小，可以挤小一点的花瓣补满。

BOX 外侧也可以只挤 2 圈，做成比较小朵的花。

④ 从上方检查花形有没有呈圆形，若没有则在下方挤一些更盛开的小花瓣进行修饰。

⑤ 完成后用花剪剪下。

| 花 型 |

薰衣草

| 豆沙颜色 & 花嘴 |

蓝紫色　**#102**　浅绿　**#5**　**#2**（或 **#1**）

| 制 作 方 法 |

1 制作花梗

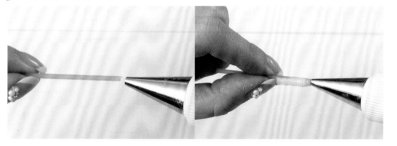

取 1 根意大利面，折成约 5 厘米长，穿进 #5 花嘴中后，边挤豆沙边抽出来，让意大利面上均匀包覆一层豆沙。

2 制作花瓣

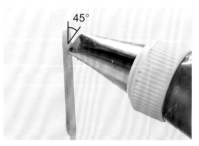

① 换成 #102 花嘴，将花嘴转到 1 点钟左右方向，B 点贴在意大利面上，使花嘴与其成 45° 角。准备开始往斜角挤出豆沙。

② 每片花瓣约 0.5 厘米长即可。记得挤豆沙时，花嘴不要离开意大利面，斜角往下移动花嘴，并同时转动意大利面。

③ 接着 B 点从比上片花瓣尾端略高的位置，开始挤第 2 片。

④ 依同样方式往斜下方挤出花瓣，呈现不断往下的螺旋形，可微微露出绿色的根部，自然呈现。

⑤持续挤到想要的长度，每面 4
层或 5 层即可。

⑥插入蛋糕中装饰好后，可换成 #2（或 #1）花嘴，用和底层同色的
豆沙在顶端挤几个小圆，遮住顶端的面体。

~装饰组合~
decoration

Step 1
在中心挤一个圆弧形
的底座。

Step 2
将 3 朵奥斯汀玫
瑰呈三角形粘到
底座上。

Step 3
插上 1 株或多株薰
衣草，可从不同高
度和角度进行装饰，
增加蛋糕的层次感。

Step 4
花间的缝隙可依喜好
挤上小草、莓果、叶
子进行填补。

Step 5
在边缘缝隙挤上
叶子。

英式玫瑰 & 乒乓菊
English Rose & Pompon mum

英式玫瑰有点像玫瑰的进阶版，
由低到高再由高到低的花瓣密密层层，
在一朵花上表现出淋漓尽致的层次感。
搭配圆滚滚的球状花，美丽又不失清新。

花 型	豆沙颜色 & 花嘴

英式玫瑰

深紫　　#125

|制 作 方 法|

1 制作底座 & 花芯

①在花钉上挤出一个略宽的圆锥形底座，高度约1个指节。

②将花嘴转到11点钟方向，B点靠在底座上，挤出豆沙。

③挤豆沙的同时逆时针转花钉，挤少转多，看着A点挤出一个小小的圆后，边挤边收到底部。

2 制作内侧花瓣

①使花嘴继续保持11点钟方向，花嘴靠在第1层花芯旁边，准备开始挤内侧花瓣。

②挤出豆沙后逆时针转动花钉，将花嘴抬高后直接往下切平，做出1片彩虹形花瓣。

③挤3片花瓣绕花芯一圈。

④接着依同样方法挤出一层层的花瓣，每层 3 ~ 5 片。慢慢将每层花瓣的角度往外打开一点点，每层花瓣略高于上一层。

⑤当花嘴从 11 点钟方向慢慢一层一层转到 12 点钟方向，花瓣已经几乎呈直角时，就可以开始挤中间的花瓣了。

3 制作中间花瓣

A

B

①将花嘴转到 12 点钟方向，放在上一层花瓣的两瓣中间位置作准备。

②逆时针微微转动花钉，花嘴由下往上挤出豆沙。共挤出 4 片或 5 片不重叠、一片一片分开的花瓣。

4 制作外侧花瓣

B  A

①将花嘴转向 3 点钟方向，B 点贴在上层花瓣的两瓣中间。

②挤出豆沙后逆时针转花钉，将手腕轻轻勾起，让花嘴转成 12 点钟方向，用 A 点画一个弧，再往下收回底座，做出向外掀开的花瓣。

③依照同样方法，挤完一圈花瓣。

④接着在外侧花瓣的两瓣中间，再加上一层层小一点的花瓣，增加层次感。

5 收尾前修饰

①用指关节轻推花瓣左右两端，让其稍微往下卷，或者用拇指和食指的指腹，在花瓣中间轻轻捏一个小尖角。

②完成后即可用花剪剪下。

花 型	豆 沙 颜 色 & 花 嘴

乒乓菊

紫红 + 白　　**#16**

❦
| 制 作 方 法 |

1 制作底座

① 先在花钉上挤一个球形底座，在中心多挤一点豆沙，让整体膨起来。

② 如果不够圆，可再挤一些豆沙补圆。底座决定了乒乓菊的大小。

2 挤外侧小花瓣

> **TIP**
> 底部保留一点空间，方便剪下。

① 将花嘴轻靠在底座下方，不要插进底座中。用力在原地挤出豆沙后，停止挤，轻轻往内压一下后抽起来，做出刺刺形态的小花瓣。

② 一边转花钉，一边绕着底座挤出小花瓣，花瓣间可以稍微交错。

③依同样方式一圈圈填满整个底座，尽量不要在同样的位置重复挤花瓣，容易越来越大而形状不圆。

④转动花钉检查，如果有不圆的地方，就直接在上面再挤小花瓣，直到整朵花呈现圆球状为止。

~装饰组合~
decoration

Step 2
一侧摆上2朵大小不同的英式玫瑰。

Step 1
在中心挤一个圆弧形的底座。

Step 4
边缘及中间缝隙用叶子补满，同时使用不同深浅的绿色，整体会更拟真。

Step 3
另一侧用3朵乒乓菊，倾斜摆成一个三角形。

康乃馨　郁金香
Carnation & *Tulip*

康乃馨的花瓣越凌乱越自然，
掌握基本技巧后，即可随意发挥。
隐约露出花蕊的郁金香，独特的花苞外形，
不仅能调节构图，做成捧花蛋糕也相当可爱。

| 花 型 |

康乃馨

| 豆 沙 颜 色 & 花 嘴 |

黄 + 橘　　　**#125K**

| 制 作 方 法 |

1 制作底座

使转接器贴紧花钉，挤出高 1 个小
指指节、直径约 1.5 厘米的圆柱形
底座。

2 制作内层花瓣

① 将花嘴转到 12 点钟方向，B 点插入底座中心到花嘴一半的高度。

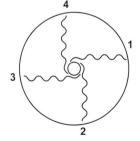

> **TIP**
> 记得花嘴"挤少转多"的要诀，
> 以免豆沙太多，花瓣过重无法
> 支撑。

② 以 B 点为支撑点，A 点左右摆动，将豆沙挤到底座上嵌住。
接着将花嘴靠在做好的第 1 片皱褶花瓣上，尽量做成集中
的圆形皱褶花瓣。

③接着再将花嘴放到花瓣后方，
同样将 B 点插入底座，再挤出
1 片皱褶花瓣。

④依同样方式，贴着前瓣挤出下
一片皱褶花瓣，直到挤满一圈
（约 4 片）。

3 制作中间花瓣

①将花嘴转到 1 点钟方向，B 点靠
紧内层花瓣和底座交界处。

②将花嘴边挤出豆沙边往上抬至
高于内层花瓣，再往下收到底
座。同时逆时针转动花钉，花
嘴原地上下起伏，挤出较短小
的微皱花瓣。

③做出一圈 5 片或 6 片的小花瓣，
包围住内层花瓣即可。

TIP

康乃馨的皱褶越不规则，看起来
越自然。挤此圈的小花瓣时，要
尽量贴紧内层的花瓣。

4 制作外圈花瓣

① 将花嘴转到 2 点钟方向，在花钉的 2 点钟位置，将 B 点贴在底座上，准备开始。

② 挤出豆沙后花嘴往上拉至花瓣高度，逆时针转花钉，花嘴稍微摆动后收回底座，挤出短的皱褶花瓣。

③ 沿着中间花瓣挤满一圈。

④ 接着依同样方式挤出一圈圈花瓣，每圈花嘴的摆动幅度慢慢增大。

⑤ 挤到想要的大小后，即可用花剪剪下。

郁 金 香

粉橘 + 粉红　　#61　　#122　　咖啡　　#81

| 制 作 方 法 |

1 制作底座 & 花蕊

① 在花钉上挤一个直径约 1.5 厘米的圆柱形底座,高度约为小指的 1 个半指节。

② 换成 #81 花嘴,放在底座中心。A、B 点垂直往上挤出高度约 0.5 厘米的花蕊。

③ 不规则地在底座中心挤一圈花蕊。

TIP

也可以改用 #2 花嘴,挤出条状的花蕊。

2 制作内侧花瓣

①换成 #61 花嘴，让花嘴的 A 点在正上方。

②A 点略高于花蕊，B 点贴在花蕊外圈上，斜斜往下挤出菱形花瓣后，B 点轻压一下底座粘住豆沙。

③依照同样方式挤 4 片或 5 片菱形花瓣，花瓣间不重叠，包住花蕊。

TIP

挤菱形花瓣时，以画斜线的方式直直挤出豆沙，不要上下移动，否则会变成弧形花瓣。

3 制作外侧花瓣

①换成 **#122** 花嘴。花嘴倾斜约
　45°，A、B 点贴在底座上。

②由下往上挤出豆沙，让 A 点慢慢往上转向花蕊位置，A 点转到正上
　方后停止挤，抽起花嘴。

③沿着底座挤 3 片不交错的花瓣，约呈三角形。

④花嘴稍微往外开一点，以同样方式从第 1 层花瓣中两片花瓣的间隔
　处挤第 2 层花瓣。

TIP

挤豆沙时施力必须一致，如果中途减轻力道，花瓣容易断裂。

⑤完成后即可用花剪剪下。

~装饰组合~
decoration

Step 3
另一侧粘上 4 朵郁金香，不需要贴紧。

Step 4
郁金香的高度较高，可挤入一些较长的叶子，才不会太凸出。

Step 2
一侧粘上约 3 朵康乃馨，大小不同，看起来较自然。

Step 5
缝隙间点缀一些莓果。

Step 1
先在中间用豆沙挤一个圆弧形底座。

鲜艳和淡雅的色彩相互搭配，
看似冲突的强烈对比，
反而中和了过于抢眼的色调，
在张扬的华丽中，增添些许柔和气息。

菊花 & 寒丁子
Chrysanthemum & *Bouvardia*

|花型|

菊花

|豆沙颜色 & 花嘴|

| 橘 + 红 | #81 | 咖啡 | #23 |

❧
|制作方法|

1 制作底座

① 先挤出一个圆锥形的底座，可用
花剪剪掉最上方多余的豆沙，让
正上方是平整的。

② 接着用 #81 花嘴，在正中心挤
一个小方形，当作记号。

2 制作内层花瓣

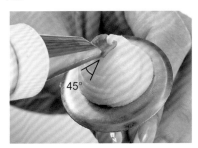

① 花嘴的凹槽朝正上方，花嘴和
花钉成 45° 角，并将手臂夹
紧，较利于施力。

② 使花嘴贴在底座方形记号边
上，挤出豆沙到想要的长度
后，停止挤，再顺向抽开，做
出约 45° 角的花瓣。第 1 圈花
瓣每片约 0.5 厘米长，同一圈
的花瓣长度尽量相同。

③ 依照相同方式，沿着方形记号
挤出 4 片花瓣。4 片长度一样，
且花瓣底部相连，围成一个方
形。

3 制作外圈花瓣

① 从内层花瓣的两瓣间，开始挤下一圈花瓣。花嘴紧贴前一圈花瓣和底座的交界，同样维持45°。

② 依相同方式挤满一圈花瓣，每瓣等长，且相连在一起。

NG 如果没有贴着前一圈的花瓣挤，花瓣容易越做越开，最后变成90°垂下来，甚至碰到花钉。

TIP

每一圈的最后1片花瓣要跟第1片连在一起，才会形成漂亮的圆。每做完一圈就检查一下整体圆不圆。

③ 依次一圈一圈往下挤到想要的大小，如果觉得圆形较呆板，也可以在最外层的两三片花瓣间，挤几片稍长一点的花瓣，增加活泼感。

TIP

菊花的做法没有限定做几圈，依照自己想要的大小决定即可。

4 制作花蕊

换成 #23 花嘴，放到花的中间，挤出少量的豆沙，不超过第 1 圈花瓣的高度即可，让豆沙填满中间的空隙后即完成。

寒 丁 子

浅黄　　　　**#353**　　　**#2**

❧
| 制 作 方 法 |

1 制作底座 & 花瓣

①直接用 **#353** 花嘴在花钉上挤一个小小的底座。

②花嘴和花钉成 60° 角，A、B点贴住底座。挤出豆沙到想要的高度后，停止挤，将花嘴抽起来，做出第 1 片花瓣。

③挤第 2 片花瓣时，B 点紧贴第1 片，挤出相同高度的花瓣。

④再挤第 3 片，B 点同样紧贴着上一片。

⑤最后挤第 4 片花瓣，A、B 点同时紧贴左右两侧花瓣，往上挤出等高的花瓣。

2 制作花蕊

改用 #2 花嘴，在 4 片花瓣的中心点，挤一个圆球状花蕊即完成。

TIP

如果觉得挤出的花瓣形状不够立体或漂亮，可以用两手指的指腹稍微捏一下边缘。

~ 装 饰 组 合 ~
decoration

Step 4
在缝隙中挤上小草，因为蛋糕上的色彩已经偏强烈，所以小草尽量挑选相近色，才不会太复杂。

Step 5
在蛋糕边缘插入事先挤好的羊耳叶。

Step 1
先在中心用豆沙挤一个圆弧形底座。

Step 2
以菊花为视觉重点，在豆沙底座上安插 3 朵菊花，彼此稍微重叠。

Step 3
以淡色的寒丁子搭配抢眼色的菊花，画面看起来比较温和、舒服。

总是与华丽画上等号的牡丹，
以柔和色系，加上豆沙特有的雾面呈现，
便能诠释出截然不同的浪漫氛围。
在朝鲜蓟的颜色中调入一点牡丹的紫，
让整体的画面更加协调。

牡丹 朝鲜蓟
Peony & Artichoke

牡丹

原色 + 浅紫　　**#123**　　深绿　　**#61**

| 制 作 方 法 |

1 制作底座

① 用 13 号花钉，先挤一个高约 1 个指节、直径约 3 厘米的圆锥形底座，抹掉尖角。

② 用花嘴在底座上先挤 3 条线做记号，略分成 3 等份。

2 制作内侧花瓣

① 将 #123 花嘴转到 10 点钟方向，A、B 点贴着底座上的记号。

② A 点贴紧中心点，挤出豆沙后将花嘴往上拉高，同时逆时针转动花钉，再收回到底座上，做出一片小小的圆弧形花瓣。

③ 紧贴着第 1 片花瓣，从后方依次再挤出 4 片花瓣。一片一片慢慢从中心点向外打开。

④ 依照同样方法，挤好 3 等份的花瓣。

⑤ 在花瓣间，挤上一些更小的花瓣，将整体修成圆形。

TIP

内侧花瓣最后会被外侧花瓣包覆，不需要挤得太工整。

⑥ 依次在另外的缝隙中挤出相叠的花瓣。可增加 3 片或 4 片，将整体修饰成圆形。

3 制作中间的大花瓣

A

B

① 将花嘴转到 12 点钟方向，B 点插入内侧花瓣中，开始挤豆沙。

② 一边逆时针转动花钉，一边将花嘴拉高，使其高于内侧花瓣，将花嘴角度从 12 点钟转成 11 点钟方向，做出内包的花瓣。

③ 接着从和第 1 片花瓣稍微交叠的地方开始挤第 2 片。

④ 依照同样方法，绕着内侧挤满一圈内包的花瓣。

⑤ 接下来挤第 2 圈。在每两瓣的交界处挤一片花瓣，高度略高于上一圈。

⑥接着挤第3圈,步骤相同,但花嘴的角度更外开,花瓣的高度相同。

⑦依相同步骤,挤到想要的花朵大小为止。

TIP

手转动的弧度越大,花瓣就越大。挤的豆沙越多,花瓣的皱褶越多。

4 制作外侧打开的花瓣

①将花嘴转到11点钟方向,准备做一圈反方向的外翻的花瓣。

②使B点贴着上圈花瓣底部,一边顺时针转动花钉,一边挤出向外翻的彩虹形花瓣。

③绕着中间的花瓣,挤3片或4片向外翻的花瓣。

④接着在花瓣间的空隙处,使花嘴呈2点钟方向,做出小花瓣,修饰到整体呈圆形即可。

牡丹花苞

① 先挤一个圆锥形的底座。

② 仿照玫瑰花芯的做法，将 #123 花嘴转到 11 点钟方向，B 点靠在底座上，边挤豆沙边逆时针转花钉，挤出中间的支撑座。

③ 将 A、B 点靠在支撑座上，挤出豆沙后转动花钉，将花嘴抬高并收到底，做出略高于花芯的彩虹形花瓣，挤完一圈。

④ 再依同样方法挤出一圈圈的花瓣，每圈都略高于上一圈，直到挤到想要的大小为止。

⑤ 最后在外圈挤一层皱褶花瓣。

⑥ 换上 #61 花嘴，使 A、B 点贴在花瓣底部，挤出两个半圆作为一片花萼，挤 3 片或 4 片，绕花苞一圈即完成。

TIP

挤花萼时，力道放轻，拉扯开花萼，做出有点破裂的边缘，才能呈现自然感。

朝鲜蓟

浅绿   **#61**

❧
| 制 作 方 法 |

1 制作底座

TIP

朝鲜蓟的底座要有一个尖角，后续做起来会比较容易。

在花钉上挤一个圆锥形的底座，约 2 个指节高。

2 制作顶端花芯

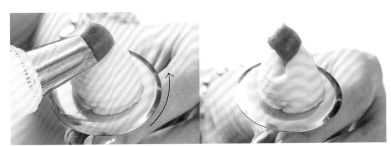

①将花嘴 A 点靠在底座的尖角上，B 点贴住底座，准备画出斜斜的菱形花瓣。

②逆时针转一下花钉，使 B 点斜角往下，画出一个菱形后在底座上压一下，再抽出，做出第 1 片花瓣。

TIP

挤菱形花瓣时，拿花嘴的手在下，A 点放于底座最高点。

③将 A 点再靠回底座的尖角上，使第 2 片花瓣连着第 1 片，以同样方式挤出菱形花瓣。

④再连着第 2 片挤第 3 片。使 A 点从头到尾都保持在正中心，让底座上端完全被遮盖住。

3 制作外层花瓣

①将 A 点摆在花芯两片花瓣的中间，B 点贴住底座。

②挤出豆沙后，逆时针转花钉，斜角往下画出一个菱形后，压一下再抽起来，做出第 1 片花瓣。

③将花嘴稍微抬高，从与第 1 片花瓣稍微重叠的位置，开始挤第 2 片菱形花瓣。

④以相同的方式挤完一整圈，每圈的花瓣高度要相同。

 花瓣与花瓣间如果重叠太多，会变得越来越胖；如果挤得太短，菱形的角就会不明显。

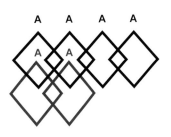

TIP

如果底座太小，导致挤的时候 B 点碰不到底座，或是挤第 4 圈时花嘴几乎打到花钉，可以将花嘴插入底座补豆沙，增加它的高度。

⑤一圈一圈往下，每圈花瓣大约遮盖住上一圈的一半，共挤出约 4 圈花瓣即完成。

~ 装 饰 组 合 ~
decoration

Step 1
先在中心挤一个圆弧形豆沙底座。

Step 2
以牡丹为视觉重点，摆一两朵就好，这样才不会因为画面太满而失焦。

Step 3
搭配牡丹花苞，让整体感觉更有变化。

Step 4
加入 2 朵朝鲜蓟，绿色中掺杂一点点紫，和牡丹搭起来更协调。

Step 5
在缝隙间插入事先做好的羊耳叶，挤上同色系的莓果、小草。

Step 6
在边缘较大的缝隙中插入羊耳叶进行填补。

蜡花　棉花
Waxflower & Cotton

利用杯子蛋糕小面积的特性，
让堪称最称职配角的白花搭档，不再被花群淹没，
得以担当主角，组合出不落俗套的清新花环。

白色　　**#101**　　咖啡　　**#1**　　**#2**

| 制 作 方 法 |

1 制作底座

① 用 #2 花嘴贴紧花钉，先挤一个小圆，再用花嘴绕约 3 圈，做出扎实的杯状中空底座。

② 将底座分成 5 等份，从底部往上挤出长条状的豆沙，当作 5 片花瓣的记号。

2 制作外圈花瓣

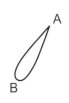

① 改用 #101 花嘴，将花嘴转成 1 点钟（或 12 点钟）方向，准备依照记号做 5 片小花瓣。

② 将花嘴放入两个记号的中间，B 点贴紧底座，挤出豆沙后向上轻轻推再折回来，B 点轻压底座停一下，再抽起来，做出第 1 片圆弧形花瓣。

③依同样方式继续挤出花瓣，同
  样从两个记号的中间开始挤，
  花瓣彼此分开不交错，力道不
  需太大，以免花瓣过大而倾倒。

④依次挤好 5 片花瓣。

3 制作花蕊

①改用 #1 花嘴，在正中间挤出下宽上尖的长条状花蕊，高度不超过
  外层的花瓣。

②再用与底座颜色相同的豆沙，在花瓣和花蕊的交界处挤 8 ～ 10 个
  小圆点，绕花瓣一圈即完成。

| 花 型 |

棉花

| 豆 沙 颜 色 & 花 嘴 |

白色　　#10　　黄绿色　　#349

| 制 作 方 法 |

1 制作底座

TIP

可以先将底座平均分成 5 等份，用牙签在底座侧边压出短线做记号，这样挤出来的圆球大小会比较均匀。

直接用 #10 花嘴在花钉上挤出直径为 1 ~ 1.5 厘米、高约半个指节的底座。

2 制作棉花

① 使花嘴与花钉成 45° 角，放在两个记号间，将花嘴靠在中心点和底座中间，用力挤出豆沙。

② 一边挤豆沙，一边微微往上抬高花嘴，挤到花嘴与花钉平行后，停止挤，再将花嘴切到底座边缘，做出圆球状。

③ 依照同样方法，靠近中心点依次挤出 5 颗圆球。记得使第 5 颗圆球尽量贴紧中心点位置挤豆沙，才会让整体比较紧密。

TIP

不需要特意移动花嘴，用力挤出豆沙后花嘴自然会被往上抬。挤的力道维持一致，才不会出现断层或不圆。

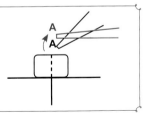

3 制作花萼

TIP

棉花大致是 4 颗或 5 颗圆球，基本上只要能围成一个圆即可。萼片可比圆球略高，再用牙签按压高出的萼片，让它贴住圆球。

换成 #349 花嘴，把花嘴插入棉花圆球间的缝隙，使花嘴与花钉成 45° 角。将花嘴贴着两颗圆球间的曲线，由下往上拉出线条，可比棉花圆球略高，并贴住圆球，共做出 5 条萼片。

~装饰组合~
decoration

Step 1
先在底部挤一圈豆沙底座。

Step 3
因为整体颜色较白，可在缝隙间点上鲜艳色系的莓果，让颜色跳出来。

Step 2
交错摆上棉花和蜡花，挤上各个角度的叶子，绕成一个花环的造型。

蜡花与棉花都很适合用来衬托主花，
清新的白色系使抢眼的鲜艳色变得柔和。
蜡花还能根据搭配的花朵颜色，
调出各种适合的色调。

尖瓣郁金香 & 猫尾草 & 玫瑰
Tulip & Phleum pratense & Rose

突发奇想拿了喜欢的瓷杯，
做了个货真价实的"Cup Cake"！
小小的容器，竟能盛载如此大量的花朵，
裱花的世界中，信手捻来都是美丽的邂逅。

尖瓣郁金香

藕色 + 红色　　#122

❀
| 制 作 方 法 |

1 制作底座

> **TIP**
>
> 郁金香需靠底座支撑，在挤时尽量压紧实，才不会因太细太软而不稳。想要花朵大一点，底座就做大一点，想要小朵就将底座做小一点。

先挤一个圆锥形的底座，高约 2 个指节。要将花嘴快速抽起来，做出一个尖尖的角。

2 制作前 3 片花瓣

①将花嘴的凹槽完全贴住底座，A、B 点都贴在花钉上。

②使花钉保持不动，将花嘴直线往上挤到底座最高处，花嘴 A 点挤过顶端后，再直直往下挤到花钉。

> **TIP**
>
> 挤尖瓣郁金香时，看着底座的后侧操作，才看得到花嘴的角度。

③依次挤第 2、第 3 片，A 点都从遮住前一片约 1/4 处开始挤。

> **TIP**
>
> 挤花瓣的过程中，手和花嘴的角度保持不变，直直地上去到底座顶端，再直直地切下来。
>
>

_3_ 制作第 4 片花瓣

① 最后一片花瓣的挤法与前三片
不太相同。首先，同样先直线
往上挤出豆沙。

② A 点绕过顶端后，顺势转成手在下花嘴在上，让花嘴凹槽持续贴紧
底座，往下挤出豆沙。

③ 顺着底座直线往下挤出豆沙，挤至碰到花钉后，花嘴可稍微压一下
底座固定再抽起，即完成尖瓣郁金香。

TIP

如果反向操作时觉得手的角度不
顺手，那么挤到顶点后，可以将
花钉往前倾斜，让花嘴顺势下来。

| 花 型 |

猫尾草

| 豆 沙 颜 色 & 花 嘴 |

浅粉　　**#16**　　**#5**

| 制 作 方 法 |

1 制作花梗

① 取一根约手指长度（约 5 厘米）的意大利面条，准备穿进 **#5** 花嘴。

② 用手指捏在意大利面一半的位置，放入 **#5** 花嘴，边挤豆沙边抽出来，让一半的面条均匀包覆一层豆沙底座。

TIP

未包覆豆沙的另一半面条，是要插入蛋糕中的基底。如果整条裹满豆沙，插入蛋糕时可能会因豆沙干掉而整个碎开。

2 制作花瓣

① 使用 **#16** 花嘴，将花嘴轻轻靠在花梗的最下方。

② 用力挤出豆沙后，停止挤，往内压一下，抽起来，做出一片尖刺形的小花瓣。

③ 一圈圈由下往上挤满小花瓣。下面的花瓣较粗，越上面的花瓣越细，这样形状才会自然，最后呈现毛茸茸的线条感。

~ 装 饰 组 合 ~

decoration

Step 3
太过工整感觉有点死板，在顶端交界处放一朵大玫瑰打破格局，增加画面层次。

Step 4
插入 2 株猫尾草，增加郁金香的变化。

Step 5
在缝隙处再挤上叶子和藤蔓点缀。

Step 1
先在中心挤一个圆弧形的豆沙底座。

Step 2
将整体分成 2 等份，分别插上大小不同的玫瑰和尖瓣郁金香。

→ 玫瑰做法详见 P.53

以浑圆可爱的绣球花和乒乓菊，
搭配缎带飘扬般的圣诞玫瑰，
紫紫白白，加上少许鲜黄，
小小的蛋糕上，一场花园派对正在进行。

圣诞玫瑰 绣球花 乒乓菊
Christmas Rose & Hydrangea & Pompon mum

圣诞玫瑰

浅紫   **#125K**   绿 + 咖啡   **#2**

| 制 作 方 法 |

1 制作底座

①先在 13 号花钉上挤一点豆沙，
　粘上略大于花钉的烘焙纸。

②用 **#125K** 花嘴将 A、B 点贴在
　花钉上，挤一层平铺的底座。

2 制作第 1 层花瓣

A

B

①将花嘴呈 11 点钟方向，放在
　花钉正上方，B 点贴在底座
　中心。

②挤出豆沙的同时转动花钉，往上直直挤到花嘴有一半超出花钉后，
　B 点贴着底座直直往回收。B 点压一下，拿起来，做出羽毛形状的
　花瓣。

> **TIP**
>
> 出去时转花钉，回来时不转花钉，才能做出左半边
> 圆弧、右半边像缎带般的皱褶。诀窍在于右手花嘴
> 直上直下挤豆沙，左手在出去时持续转花钉！

③第 2 片也从底座出发，边逆时
针转花钉，边往上挤到花嘴一
半超出花钉后，直线往回收。

> **TIP**
>
> 每片花瓣皆以花嘴超出花钉一半
> 为依据，就能轻松做出等长的花
> 瓣。如果想要让花瓣有点变化，
> 在每片收尾时，将 A 点稍微抬高
> 再回到中心，做出来的花瓣会比
> 较立体。

④花嘴和花钉需同步动作。依照
同样方式挤完一圈花瓣，完成
第 1 层，共 5 片或 6 片。

3 制作第 2、3 层花瓣

①从第 1 层花瓣的中间位置开始
挤。挤法一样，但是花瓣略小，
可与花钉边缘切齐，做短一点
的花瓣。

②第 2 层的每片花瓣刚好在第 1
层花瓣的两瓣之间。

③接着依照同样方法，挤出第 3
层花瓣。

 NG 挤第 2 层时记得将花嘴 B 点贴住底座，如果怕压坏第 1 层而
将花嘴整个抬起来离开底座，挤出来的花瓣就容易破或变形。

4 制作花蕊

①换成 #2 花嘴，在中心先挤一个
圆作为记号，确认记号居中。

②接着挤出一颗颗的小花蕊，填
满中心的圆形记号。

③在中心花蕊的四周，随意点上
一圈自然的小花蕊即完成。

绣球花

蓝紫色　　**#103**　　浅紫　　**#1**

| 制 作 方 法 |

单朵绣球花

1 制作底座

TIP

可以利用牙签在底座正中心点一下，作为中心的记号。

将 #103 花嘴贴住花钉，在中间挤出 2 层正方形的底座。

2 制作花瓣

①使花嘴和花钉成 45° 角，A 点对齐在正方形的尖角上，B 点对准中心点。利用正方形 4 个角，准备做 4 片花瓣。

②维持 45° 在原地挤出豆沙，然后维持 45° 微微抬起花嘴，停止挤，再抽开花嘴，做出小正方形的花瓣。

③同样使 A 点在尖角，B 点靠紧中心，维持 45° 在原地挤豆沙，挤出第 3 片花瓣。

TIP

挤完花瓣后，还可以再利用#1花嘴，在中心挤一个浅色小圆花蕊，增添生动感。

④依照相同方式，转到下个尖
　角，挤出第4片即完成。

⌇ 整颗绣球花

1 制作底座

先做一个圆锥形的底座，约1个
指节的高度。

2 制作花瓣

①依照单朵绣球花的制作方式，
　以4片花瓣为一组，每片花瓣
　均与底座以成45°角的方式展
　开，从底部开始依次挤满。

②沿着外圈从下往上挤3层或4层，慢慢用单朵绣球花填满整个底座。
　小花与小花尽量贴紧，以遮蔽底座为主。

TIP
在花瓣间的缝隙处挤一条条小草补满，看起来更丰富。

③ 换成 #1 花嘴，在每个单朵绣球花的中心点上花蕊即完成。

~装饰组合~
decoration

Step 1
先在底部挤一个圆弧形的豆沙底座。

Step 3
在绣球花和乒乓菊间的缝隙处，加上一些单朵绣球花来填满。

Step 2
依次放上大朵的绣球花、乒乓菊、圣诞玫瑰，抓出大致的架构（乒乓菊如果太大，可以裁剪到适合的大小再装饰）。

Step 4
可随意挤上叶子进行修饰，再点缀上莓果即完成。

Step 5
装饰的朵数没有一定限制，只要掌握整体平衡，俯视呈圆形即可。

→ 乒乓菊做法详见 P116

有着水波涟漪般细致皱褶的海葵花，
有着密实重瓣和分明层次的双色花毛莨，
善用相近色系与配花调和，
让同属主角级的大朵花型，也能携手同框演出。

花毛莨 & 海葵花 & 寒丁子
Ranunculaceae & Anemone & Bouvardia

| 花 型 |

花毛茛

| 豆 沙 颜 色 & 花 嘴 |

灰蓝 　　 绿 + 原色 　　 **#125K**

| 制 作 方 法 |

1 制作底座 & 花芯

① 挤一个下宽上窄的圆锥形底座。　　② 将花嘴转到 11 点钟方向，A 点靠在底座尖端，B 点贴在底座上。

③ 挤出豆沙后，一边逆时针转动花钉，一边将花嘴微微拉高，看着 A
　点在顶端挤出小圆后，边挤边收到底部，做出角锥状花芯。

2 制作内侧花瓣

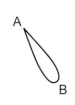  

① 使花嘴保持 11 点钟方向，B 点贴在底座上。挤出豆沙后逆时针转
　花钉，花嘴往上抬，再收回底座，做出短短的彩虹形花瓣。

② 从稍微交叠处挤下一片花瓣，
　挤完一圈后挤下一层，高度略
　高于上层，每层 3 ~ 5 片。

TIP

如果从右到左挤不顺手，也可以换成从左到右挤。挤完后由上往下看，检查层次是否明显。

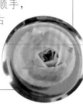

③完成内侧的花瓣。约挤 4 层，完成的花瓣直径为 1 厘米左右。

3 制作外侧花瓣

①先用花嘴在底部绕一圈豆沙做基底。

A

B

②换上另一色豆沙，将花嘴约呈 1 点钟方向放在花钉正上方的内侧花瓣上。一边挤豆沙，一边顺时针转花钉。

③挤出豆沙后顺时针转花钉，略抬花嘴，挤出略高于内侧且往内包覆的彩虹形花瓣。

④从稍微交叠处挤第 2 片彩虹形花瓣。

⑤依次挤完一圈，约 5 片花瓣。

TIP

如果花钉顺时针转，花嘴打开的角度为 1 点钟 ~ 12 点钟；
如果逆时针转，则为 11 点钟 ~ 12 点钟。

TIP

外侧花瓣每圈的瓣数没有规定，
3 ~ 6 片都可以，但每片长度要
一样，花的大小也可依个人喜好
决定。

⑥ 按照同样方法挤出一层层的花
瓣。挤每层时，花嘴均比挤上
层时稍微打开，花瓣略高于上
层，且长度更长。

⑦ 等花嘴的角度慢慢从 1 点钟转
到 12 点钟，几乎与花钉垂直
时，即完成外侧花瓣。

4 制作最外圈的花瓣

① 将花嘴转到 11 点钟方向，由左到右，一边挤豆沙，一边顺时针转
花钉。挤出 4 片较低的长花瓣，花瓣间重叠部分少一点，让每片的
瓣形看起来更明显。

② 完成。从正上方看，花毛茛的
花瓣层次非常明显，平均有 7
层以上。

白色　　　#123　　　紫色　　　#2

海葵花

❧
| 制 作 方 法 |

1 制作底座

BOX

海葵花一般是下面 4 片花瓣、上面 3 片花瓣，但想要做小一点的花，改成各做 3 片才不会太挤。

用 13 号花钉，先挤 2 层平铺的底座。

2 制作第 1 层花瓣

TIP

可以先用豆沙在底座上做记号，标示出 4 等份。

① 将 #123 花嘴转到 2 点半钟方向，放在花钉的正上方位置开始准备。B 点贴着底座的中心点。

② 使花嘴 B 点贴住底座，边挤豆沙边将花嘴往前推至花瓣边缘与花钉边缘对齐。贴齐后开始逆时针转花钉，边挤边微微上下抖动花嘴，做出 1/4 圆的细纹路花瓣后，将花嘴直直往下收回中心点，停止挤，轻压花嘴抬起，完成第 1 片花瓣。

TIP

抖的时候速度快、幅度小，才自然喔！

③将花嘴轻靠在第 1 片花瓣收尾的地方，准备挤第 2 片花瓣。

④挤出豆沙后，将花嘴往前推至花瓣与花钉切齐，接着微微抖动花嘴，同时逆时针转花钉，绕底座约 1/4 圈后，收回中心点，停止挤，压一下拿起来。

⑤依照同样方法挤出第 3、第 4 片花瓣，第 4 片收尾时，可以重叠在第 1 片的上方，避免空隙。

3 制作第 2 层花瓣

①将花嘴靠在第 1 层花瓣的中间位置，并维持 2 点钟角度，B 点贴在中心点。

②依照同样方法从中心点往上挤，挤到比第 1 层略小的大小后，开始逆时针转花钉，边抖边挤出 1/3 圈大小的花瓣。

③依次挤出第 2、第 3 片花瓣，第 3 片收尾时要叠在第 1 片的上方。

4 制作花蕊

① 换成 **#2** 花嘴，绕着中心点画一个大一点的圆做记号，注意花蕊记号要在花的正中间。

② 绕着中心圆的四周，再挤一圈小圆点花蕊。

③ 准备一根牙签，使牙签与花成 **45°** 角，将牙签戳进小圆点中，按照由内向外的方向随意划出或长或短的直线条。

TIP

牙签上如果沾到豆沙，要记得清干净，这样才不会让花的整体显得脏脏的。

④ 接着在中心再挤满颗颗分明的花蕊，将中间的圆补起来即完成。

TIP

如果是小朵的海葵花，可以不用牙签划线条，直接在中间的圆外再挤一圈小点即完成。

~装饰组合~
decoration

Step 1
先在底部挤一个圆弧形的豆沙底座。

Step 3
平面的海葵花和花毛莨间的空洞，挤入寒丁子填补，并选择相似的粉紫色。

Step 2
将 2 朵花毛莨、1朵海葵花呈三角形摆放。

Step 4
其他较小的缝隙，则插入羊耳叶和挤上莓果。莓果同样选择同色系的紫色。

→ 寒丁子做法详见 P130

花丛下相连成串的迷你花苞，
没有抢眼外表，细腻的质感却更令人难忘。
就像一首悠扬轻快的和弦，
淡淡的、柔柔的，却让所有不完美都完整了。

铃兰　　　　　　芍药
Lily of the Valley & *Angel Cheeks*

| 花 型 |

铃兰

| 豆 沙 颜 色 & 花 嘴 |

白 + 蓝   **#59°**   绿   **#1**   **#349**

| 制 作 方 法 |

1 制作底座

用 #59 花嘴先挤一团小小的豆沙，当作底座。

2 制作花苞

① 使花嘴呈 10 点钟方向，挤出豆沙并抬高花嘴。

② 边挤豆沙边快速逆时针转花钉，再将花嘴粘回底座。

③ 做出一个小小的花苞。

TIP

挤好后以细微的动作，用牙签轻轻调整，放大上方的口径。

3 组合花苞

①改用 **#1** 花嘴，直接在蛋糕上挤一条绿色的茎（此处以花钉示范）。

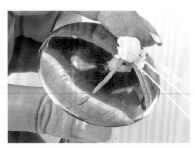

②粘上一朵事先挤好的铃兰，角度平躺即可。

③可以左右稍微对称，以不同角度的方式摆上铃兰。

④改用 **#349** 花嘴，在花茎上挤一些不同角度的小叶子作装饰即完成。

TIP

用牙签辅助，便于将花苞底座的豆沙粘在花茎上。

TIP

铃兰可置于冰箱冷冻，冷冻后再装饰较不易变形。

铃兰属于配花的一种，小巧的外形乍看不明显，但用来点缀在蛋糕面上或从花丛下延伸出来，整体构图会立即变得更丰富，完成度更高！

~ 装饰组合 ~
decoration

Step 2
在蛋糕上圈挤一层中间高两侧低的豆沙底座。

Step 3
其中一侧摆放 2 朵芍药花苞，另一侧摆放盛开的大朵芍药。

Step 4
先挤几片单片花瓣，插入两侧，做出半月形。

Step 1
在蛋糕表面约 1/3 的位置，挤 2 条绿色的茎，并粘上铃兰。

Step 5
随意挤几片绿色叶子及花瓣点缀。

→ 芍药做法详见 P81

Chapter
04

装饰篇

裱花蛋糕的组合应用技巧，
打造专属自己的花花世界

基 本 做 法

蛋糕上的花朵如何摆放，不同花型要怎么组合，其实并没有固定答案。就像对色彩的喜好，每个人都不同，有人钟情粉嫩配色，也有人偏爱大红大紫。

裱花蛋糕基本上分为花环型、捧花型、弯月型三种，这里教给大家的是基本的技巧，以及属于我个人的搭配方式。大家在经过基础的练习后，也不妨试着做个专属于自己的蛋糕吧！即兴发挥，有时也能得到出乎意料的好效果。

前置准备

准备蛋糕

如果是烤的蛋糕，因为切面不一定平整漂亮，所以先用抹刀铺一层薄薄的豆沙在表面比较好看。如果是米蛋糕，通常直接开始装饰。中间若有些留白的部分，可以用抹面的方式让蛋糕变得更丰富。

准备豆沙花

事先挤好的豆沙花，先放置在室温下一段时间或是冷冻 10 分钟左右，等它稍微变硬，再放到蛋糕上会比较容易操作。但也不能放太久，以免表面风干。

装饰步骤

Step 1 挤出适当的底座

先在蛋糕表面准备要装饰豆沙花的地方，用豆沙挤出底座。若摆放立体的花，底座可以挤得少一点；若摆放比较平面的花，底座就要多一点，这样花才能摆放得立体一些。底座不要太靠近蛋糕边缘，以免豆沙花粘上去后超出蛋糕的范围，容易从边缘滑落。

Step 2 用花剪摆放花朵

豆沙花用花剪夹起来后，可以先放在手上检查一下。如果花的底座太乱或太长，就稍微修剪一下，再用花剪的前端夹住花的底座，把花摆放至蛋糕上。摆放的时候，先让花的底部粘在豆沙底座上，确定好想要的角度，再用花剪稍微往底座下压固定即可。

摆放时如果觉得花间的空隙不够，可以用花剪把放好的花推开一点，再把花放上去，调成想要的角度，然后用花剪推进去，再往里面压一下。如果觉得花朵间的缝隙太大，可以用花剪夹住花的底部进行移动。豆沙花摆放的密度适中即可，千万不要为了多放一些花，硬是把原本挤好的花型挤压坏，就很可惜了！记得多余的空隙，还可再用叶子、莓果等其他配饰来修饰。

Step 3 在蛋糕上挤配花或其他配饰

把花都摆上去后，最后在花间的空隙处挤上叶子、莓果、满天星或小草等，颜色深浅可依据花的配色作调整，使用协调的相近色，或是显眼的对比色，提升整个蛋糕的层次感与丰富度。

英寸蛋糕的装饰组合法

花环型

使用蛋糕

6 英寸圆蛋糕

使用花朵

玫瑰花 ●●
苹果花 ○
绣球花 ○

TIP 底座一开始先不用挤太多，若不够可以在摆放花朵时再慢慢加。

TIP 让花朵呈三角形摆放，这样不论从蛋糕哪个角度看都很美。

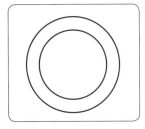  

1 先在蛋糕上挤一圈环型底座。第1层先放立体花，豆沙底座约距离蛋糕边缘2厘米。

2 可摆3朵玫瑰，2朵朝外1朵朝内，摆放角度为35°～45°，底部相连在底座上且尽量等高。

3 接着再摆上大大小小的花型，以求层次更丰富。用花剪调整花的方向，尽量贴紧，不要有太大的空隙。

4 放上一丛绣球花，底座不要太高，避免腾空。绣球花外侧容易出现空洞，可以补上几个单朵的绣球花。

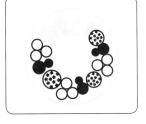 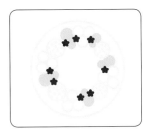 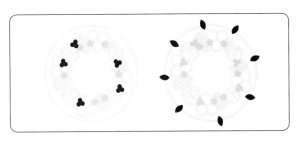

5 依照相同步骤，沿着环型底座摆放大大小小的花型，并交错放入绣球花，让花的角度朝不同方向，增加层次感。

6 在上层摆放平面花，并检查第1层花朵。如果有空洞、高低不平或不圆，就用小花苞或小花填补。

7 在外圈及花朵缝隙间，随兴挤上叶子与莓果。旋转蛋糕转台检查内圈，若有凹陷就补上小花或叶子。

∽ 捧花型

使用蛋糕

6 英寸圆蛋糕

使用花朵

洋桔梗 ●、花毛茛 ●
牡丹 ●、非洲菊 ●
蜡花 ●

TIP 装饰没有一定的规律，可以尽量随自己喜好搭配！
必要时，可以把每一朵花都夹起来比较一下，转动
蛋糕转盘，看哪一种搭起来更适合。

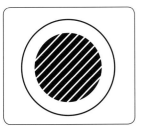

1 先在蛋糕正中间挤一
个中间高、四周低的
圆弧形底座。

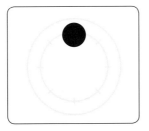

2 选一些比较大朵的
花，先从蛋糕边缘开
始摆放。花朵不要平
放，和蛋糕的角度为
30°～45°会比较
立体。

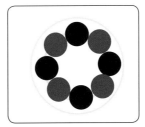

3 交错不同颜色的花，
绕外圈一圈。花间尽
量贴紧，小心不要过
度挤压而压坏花瓣。

4 摆放上层花前，先在
底座中心补一些豆
沙，增加内圈高度，
使其呈明显的圆弧形。

TIP 从正上方检查蛋糕是否保持圆形。花朵凸出底座的
比例应尽量相同，这样蛋糕整体看起来才会圆。

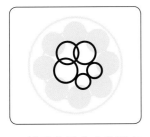

5 搭配外圈花朵的配色
挑选要放的花，放满
底座。比较小的空间
就摆小一点的花朵，
尽量让上层花朵有大
小不一的层次感。

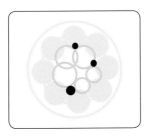

6 在颜色相近的花间插
入叶子做区隔，或是
放蜡花等小配花填补
空隙。

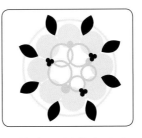

7 检查蛋糕的各个角
度。在外圈以及花间
的缝隙放入叶子，或
是挤上莓果点缀，增
加丰富度。

TIP 如果花的颜色较
深，多放些原色或
偏白的小花提亮，
整体感觉就不会
过重。

弯月型

使用蛋糕

方形蛋糕

使用花朵

芍药  、非洲菊

英式玫瑰 、绣球花

蓝盆花 、铃兰

牡丹 、波斯菊

TIP 在蛋糕上装饰铃兰或小叶子时，需要在蛋糕上先用豆沙抹面，抹完面即可在表面上装饰。

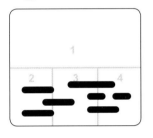

1 将蛋糕大致分成4个区块，先在下侧的蛋糕表面用抹刀抹上几笔豆沙，增添色彩。

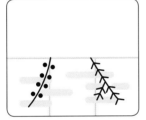

2 在蛋糕面的右下方位置，随意挤上小叶子，做出有长有短、方向不同的自然生长感。左下方位置可以做一串铃兰。

3 在蛋糕的上半侧，挤出一个中间高、侧边低的豆沙底座。

4 摆放视觉焦点的主花。在右侧的小叶子上方，靠着豆沙底座，斜摆上一朵大的芍药，角度约为45°。

5 装饰右半边的花，在大芍药与蛋糕边缘间，开始摆放略小一点的各种立体花，最上方再摆放一朵平面花。

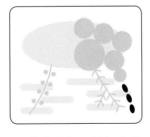

6 在花朵与蛋糕间的空隙处，补上几片花瓣，让它们以不同方向贴在蛋糕上。

7 沿着蛋糕边缘，先摆放几朵立体花，较平面的花则叠在高处。空间较小处就用小一点的花朵，可以在花与花中间或蛋糕边缘摆放数片花瓣。

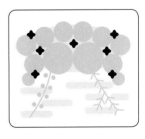

8 在花朵间以及蛋糕边缘，插入挤好的叶子与小草，或是用小乒乓菊点缀。最后检查整个蛋糕，在空隙中挤一些叶子进行填补，就大功告成了！

TIP 越往上堆叠的花朵，以及较平面的花朵，摆放前后要适时补底座，这样放上去后才会显得更立体。

杯子蛋糕的装饰组合法

❧ 大朵单花

先在蛋糕上挤一层平的底座，把花朵放在正中间，边缘再用叶子装饰。叶子可以直接挤上去，或是将挤好的羊耳叶烘干后再放上去（用烤箱以 80 ～ 100 摄氏度的温度烘 5 ～ 10 分钟）。

❧ 三朵花型

先在蛋糕上挤一个圆弧形底座，在三个角各放上一朵花，让花朵朝三个方向绽放，花朵摆放角度为 35°～ 45°。花朵间的缝隙可以用叶子、莓果或藤蔓等装饰，也可以再多加一朵小的花在蛋糕边缘，使整体饱满。

❧ 捧花型

先在蛋糕上挤一个圆弧形底座，中间略高一点。准备的花较多，大约 7 朵，可以从中间或旁边开始摆放，没有一定的规则，让花朵面向不同方向即可，侧边的花朵以 35°～ 45°角度倾斜最好看。

❧ 花环型

先在蛋糕上挤一个环形的底座，放的花朵数量不限，让花朵稍微交错堆叠，再用叶子、莓果装饰周围。

❧ 随性摆放

装饰没有一定的规则，熟悉基本方法后就能尝试做出不一样的变化。例如，在一侧摆放一朵盛开的花，另一侧放两个小花苞，再加几片叶子的素雅款也很好看。

附录　调色色卡

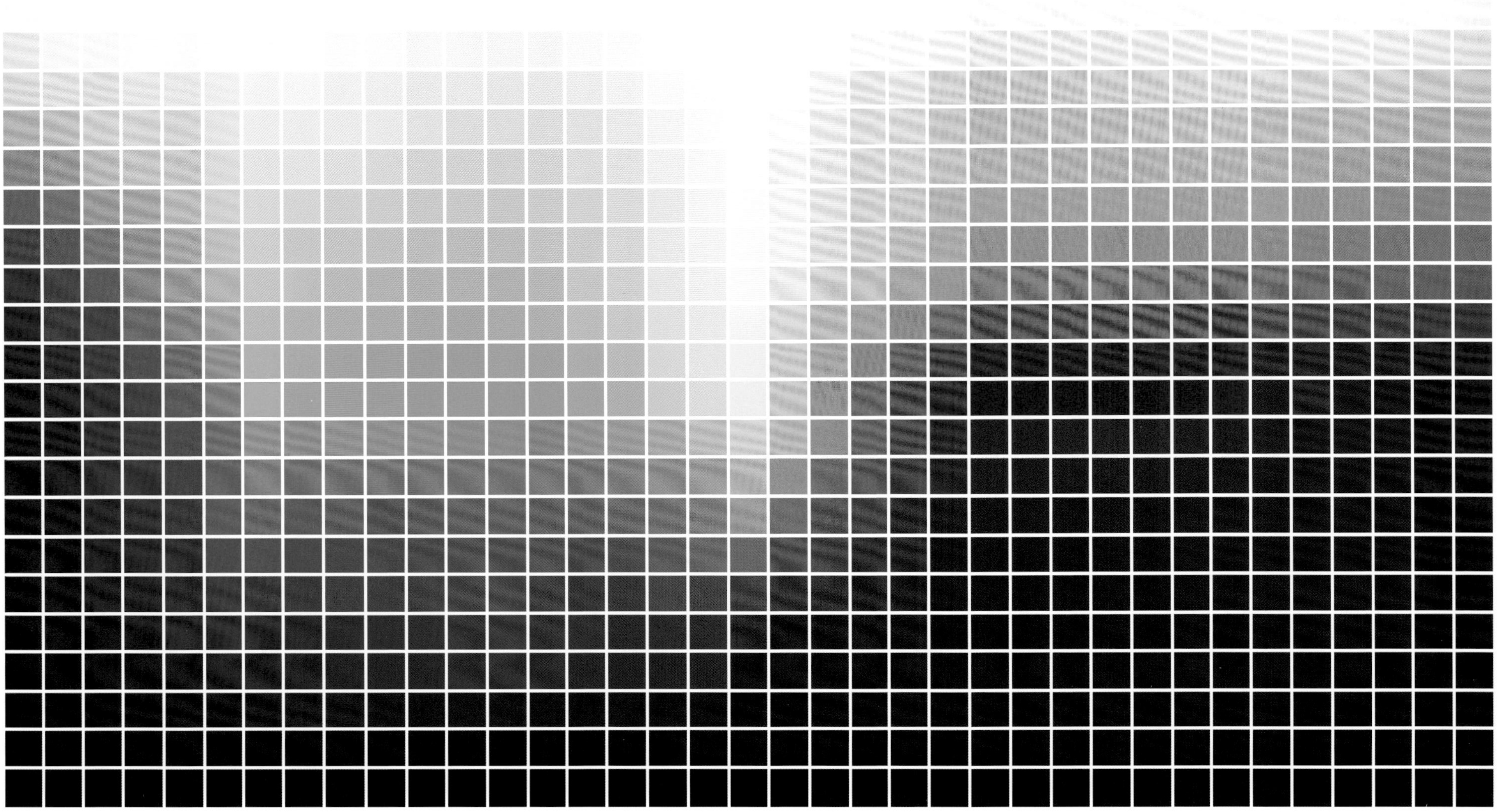